W0257660

K. Reidemeister
Knotentheorie

Reprint

Springer-Verlag
Berlin Heidelberg New York 1974

AMS-Subject Classifications (1970) 55-02, 55A25

ISBN-13:978-3-540-06297-4   e-ISBN-13:978-3-642-65616-3
DOI : 10.1007/978-3-642-65616-3

ERGEBNISSE DER MATHEMATIK
UND IHRER GRENZGEBIETE
HERAUSGEGEBEN VON DER SCHRIFTLEITUNG
DES
„ZENTRALBLATT FÜR MATHEMATIK"
ERSTER BAND
1

KNOTENTHEORIE

VON

K. REIDEMEISTER

MIT 114 FIGUREN

BERLIN
VERLAG VON JULIUS SPRINGER
1932

Vorwort des Herausgebers.

Der Berichterstattung über wissenschaftliche Literatur fallen zwei verschieden geartete Aufgaben zu: einesteils hat sie mit möglichster Vollständigkeit und Raschheit über die jeweils erscheinende Zeitschriftenliteratur zu orientieren, andererseits muß versucht werden, auch von Zeit zu Zeit ein Fazit aus dem nun wirklich Erreichten zu ziehen. Während in allen Wissenschaften seit langem klar ist, wie die erste Aufgabe im Prinzip zu bewältigen ist, sind die prinzipiell verschiedensten Versuche gemacht worden, auch das zweite Problem zu lösen.

Nach einer nun etwa 30jährigen Erfahrung steht wohl fest, daß die Form einer den gesamten Bereich der Mathematik und ihrer Nachbargebiete umfassenden Enzyklopädie noch nicht das ist, was alle Wünsche befriedigt. Weit davon entfernt, zu glauben, daß das hier beginnende Unternehmen allen Anforderungen gerecht werden könnte, die man an eine zusammenfassende Berichterstattung stellen kann, so soll hier doch der Versuch gemacht werden, mit einer grundsätzlich anderen Methode vorzugehen.

Die „*Ergebnisse der Mathematik*" sollen nämlich so elastisch als möglich der Entwicklung unserer Wissenschaft zu folgen vermögen. Ihr Ziel ist, in einzelnen selbständigen Berichten in Problemstellung, Literatur und hauptsächliche Entwicklungsrichtung spezieller moderner Gebiete einzuführen. Sie wollen damit auch der tatsächlichen Lage der Dinge Rechnung tragen, indem sie jedem Forscher Gelegenheit geben wollen, sich die Berichte zu beschaffen, die sein Arbeitsgebiet direkt betreffen, ohne ihn zu zwingen, sich gleichzeitig mit einem dem Einzelnen praktisch unerschwinglichen Apparat eines umfangreichen Handbuches der Gesamtwissenschaft zu belasten.

Es werden demgemäß von nun an eine Reihe von Berichten aus allen in Entwicklung begriffenen Gebieten der Mathematik und ihrer nächsten Anwendungen erscheinen, die auf einem Umfang von durchschnittlich je 6 bis 7 Bogen über die Entwicklung der letzten Dezennien referieren sollen. Je nach dem Tempo des Fortschrittes werden dann in späterer Zeit laufend Fortsetzungen erscheinen. Bei der ganzen Lage der Dinge ist es selbstverständlich, daß keine streng formale Einheitlichkeit dieser Berichte erstrebt werden kann: je nach dem Stand der bereits vorliegenden Literatur wird mehr oder weniger als bekannt vorauszusetzen sein, wird demnach mehr der Typus eines reinen Literaturberichtes oder einer stärker lehrbuchartigen Darstellung gewählt werden müssen. Der Gesamtplan der „Ergebnisse" ist allerdings so angelegt, daß in absehbarer Zeit Berichte über fast alle modernen Gebiete wenigstens der reinen Mathematik vorliegen werden, so daß im ganzen doch eine möglichst umfassende Übersicht über die neuere Entwicklung der Mathematik erreicht· werden kann. In der Zusammenfassung von je 5 Berichten zu einem Band wird aber auf eine sachliche Gruppierung verzichtet — zeigt doch die Erfahrung, daß alle derartigen Systematisierungsversuche eher eine Belastung als eine Erleichterung für den Nachsuchenden darstellen.

Für die Literaturangaben werden die seit kurzem international anerkannten Regeln zur Anwendung gelangen.

**Die Schriftleitung des
Zentralblattes für Mathematik
und ihre Grenzgebiete.**

Inhaltsverzeichnis.

Einleitung.

Die Knotentheorie knüpft an die anschauliche Aufgabe an, zu entscheiden, ob sich zwei geschlossene Fäden aus dehnbarer, aber undurchdringlicher Substanz durch stetige Abänderung in Fäden von kongruenter Gestalt überführen lassen. Schlägt man z. B. in einen offenen Faden einen Knoten im Sinne der Umgangssprache und vereinigt alsdann die beiden Enden des Fadens, so entsteht ein Gebilde, das nicht mehr stetig in Kreisgestalt deformiert werden kann.

Zur mathematischen Formulierung der genannten Aufgabe hat man mathematische Repräsentanten für die Fäden anzugeben und sodann Deformationen für dieselben zu erklären. Das ist natürlich auf verschiedene Weise möglich. Naheliegend ist z. B., für die Fäden doppelpunktfreie, geschlossene, stetige Kurven des dreidimensionalen euklidischen Raumes zu nehmen und unter Deformationen stetige Abänderungen dieser Kurven ohne Selbstdurchdringungen zu verstehen. Genauer: sind x_1, x_2, x_3 kartesische Koordinaten und

$$(1) \qquad \mathfrak{x}_i(t) = \big(x_{1i}(t), x_{2i}(t), x_{3i}(t)\big) \qquad\qquad (i = 1, 2;\quad 0 \leq t \leq 2\pi)$$

zwei punktfremde Kurven in Parameterdarstellung, welche durch t eineindeutig und stetig auf den Kreis

$$(2) \qquad\qquad x_1 = \cos t, \quad x_2 = \sin t$$

abgebildet sind, so möge $\mathfrak{x}_1(t)$ in $\mathfrak{x}_2(t)$ deformierbar heißen, wenn es eine Schar von Kurven

$$(3) \qquad\qquad \mathfrak{x}(t, \tau) \qquad\qquad (0 \leq t \leq 2\pi, \; 0 \leq \tau \leq 1)$$

mit

$$\mathfrak{x}(t, 0) = \mathfrak{x}_1(t), \qquad \mathfrak{x}(t, 1) = \mathfrak{x}_2(t)$$

gibt, die durch t je eineindeutig und stetig auf den Kreis (2) abgebildet werden und die eine doppelpunktfreie Fläche $\mathfrak{x}(t, \tau)$ überstreichen. Statt dieser Einbettungen in Kurvenscharen kann man auch Abbildungen des Gesamtraumes auf sich als Klassifikationsprinzip verwenden: Zwei Raumkurven (1) mögen äquivalent heißen, wenn es eine eineindeutige stetige Abbildung

$$x'_k = f_k(x_1, x_2, x_3) \qquad\qquad (k = 1, 2, 3)$$

des euklidischen Raumes auf sich gibt, für die

$$x_{k2}(t) = f_k\big(x_{11}(t), x_{21}(t), x_{31}(t)\big) \qquad\qquad (k = 1, 2, 3)$$

ist.

Beide Fassungen sind aber zu allgemein, weil allgemeine stetige Kurven anschaulich nicht faßbare Eigenschaften haben und spezielle stetige Kurven, z. B. Polygone, hinreichen, um an ihnen die anschaulichen Kurven zu studieren. Dementsprechend werden im folgenden nur Polygone aus endlich vielen euklidischen Strecken betrachtet und verlangt, daß die Kurvenschar (3) ebenfalls nur aus Polygonen besteht. Die erlaubten Abänderungen der Polygone kann man aus solchen speziellen Deformationen zusammensetzen, bei denen jeweils nur eine oder zwei aneinanderstoßende Strecken des Polygons betroffen werden. So ergibt sich die Begriffsbildung in 1, 1 als eine natürliche Konsequenz aus dem anschaulichen Ausgangspunkt.

Daß sich nicht alle stetigen Kurven in Polygone deformieren lassen und die in (1) und (3) formulierte Klassifikationsaufgabe umfassender als die in 1, 1 formulierte ist, zeigt z. B. eine von TIETZE in den Mh. Math. Phys. Bd. 19 S. 34 angegebene Kurve mit unendlichfacher Verknotung; sie entsteht durch unendlich oft iteriertes Aneinanderhängen von Polygonknoten. Die in Polygone deformierbaren Raumkurven lassen sich in dreidimensionale Schläuche einbetten, die von Kugeln überstrichen werden, deren Mittelpunkte längs der Kurven entlang wandern; sie sind also auch hiernach in der Tat zur Repräsentation anschaulicher Fäden, die ja immer eine gewisse Dicke nicht unterschreiten, geeignet.

Man kann die Knotentheorie tiefer fundieren, indem man nach den für die Knotenklassifikation maßgebenden Eigenschaften des euklidischen Raumes fragt. Es sind dies gewisse topologische Eigenschaften des Raumes: das Knotenproblem ist nichts anderes als das sog. Isotopieproblem für einfache Kurven in der dreidimensionalen Sphäre. Ein Aufbau der Knotentheorie als Teil von Isotopieuntersuchungen ist jedoch in extenso noch nicht vorgenommen. Die Methoden der kombinatorischen Topologie z. B. kommen nur in einem Versuch DEHNs, den Kreis zu kennzeichnen, zur Anwendung, und gerade diese Arbeit läßt die eigenartigen Schwierigkeiten erkennen, mit denen die kombinatorische Methode zu kämpfen hat. So läßt sich die Definition der Knoten mit Hilfe euklidischer Polygone heute auch aus der Lage der wissenschaftlichen Entwicklung rechtfertigen.

Wie steht es nun mit den Ergebnissen der Knotentheorie? Die elementaren an die Gestalt der Knotenprojektionen anknüpfenden Überlegungen, die sich zunächst aufdrängen, haben keine bewiesenen Resultate gezeitigt. Es ist zwar leicht, notwendige Bedingungen der topologischen Äquivalenz von Kurven anzugeben, aber es gelingt nicht, diese Eigenschaften an einer vorgelegten Kurve festzustellen. Dieselbe Schwierigkeit machte sich zunächst geltend, als POINCARÉ den Mannigfaltigkeiten und damit den Knoten gewisse Gruppen zuordnete (die Gruppe des Knotens ist die Fundamentalgruppe des Raumes, der aus dem euklidischen Raume entsteht, wenn man die Punkte des Knotens aus ihm herausnimmt). WIRTINGER und DEHN gaben zwar Methoden an, die Erzeugenden und definierenden Relationen dieser Gruppe aus der Knotenprojektion abzulesen, und es ließ sich jetzt z. B. beweisen, daß die Kleeblattschlinge kein Kreis ist und daß die Kleeblattschlinge nicht in ihr Spiegelbild deformierbar ist. Die Beantwortung allgemeiner Fragen scheiterte aber an der Schwierigkeit, das gruppentheoretische Hilfsmittel auszuwerten, das die Entdeckung POINCARÉS dem Geometer in die Hand gegeben hatte.

So erscheint die weitere Fortentwicklung der Knotentheorie eng mit dem Fortschreiten der Gruppentheorie verknüpft. In der Tat kann man die meisten bekannten Knoteneigenschaften nach einem einheitlichen gruppentheoretischen Verfahren aus der Gruppe des Knotens bestimmen, nämlich aus dem Verfahren, Erzeugende und definierende Relationen von Untergruppen aufzustellen. Wenn auch die Torsionszahlen und das L-Polynom des Knotens von ALEXANDER ohne direkte Benutzung dieses Verfahrens angegeben wurden, so ordnet sich doch seine Ableitung ganz naturgemäß den allgemeineren Überlegungen ein, die zum Beweis des genannten gruppentheoretischen Verfahrens dienen.

Über die Gruppe hinaus geht die dem Knoten zugeordnete quadratische Form; in ihr drückt sich die Tatsache aus, daß die aus der Knotenprojektion abgelesenen Erzeugenden und definierenden Relationen der Knotengruppe von spezieller, nicht durch die Gruppenstruktur bestimmter Natur sind.

Es ist nicht schwer, einen Aufbau der Knotentheorie zu entwerfen, in welcher die Gruppe des Knotens und das Verfahren zur Bestimmung von Untergruppen in den Mittelpunkt gerückt ist. Man kann z. B. an Kapitel 1 sofort die geometrisch inhaltliche Definition der Knotengruppe in 3, 8 und 9 und die Bestimmung der Torsionszahlen und des L-Polynoms in 3, 6 und 7 anschließen. Dieser Aufbau bietet sogar merkliche Vorteile, weil er die Invarianzbeweise für die Gruppe, für die Torsionszahlen und das L-Polynom auf die Angabe ihrer invarianten geometrischen Bedeutung reduziert. Ich habe es aber vorgezogen, den formal elementaren Charakter der aus Matrizen bestimmbaren Eigenschaften des Knotens herauszuarbeiten und diese Zusammenhänge für sich in Kapitel 2 zu begründen, um so den Arbeiten von ALEXANDER einerseits und der merkwürdigen quadratischen Form des Knotens andererseits besser gerecht zu werden.

Erstes Kapitel.

Knoten und ihre Projektionen.

§ 1. Definition des Knotens.

Um den Begriff des Knotens (*5; 28*)* zu erklären, betrachten wir geschlossene doppelpunktfreie Polygone des euklidischen Raumes aus endlich vielen euklidischen Strecken und verstehen unter der Deformation eines Polygons die Erzeugung eines neuen Polygons aus einem vorgelegten durch einen der folgenden beiden Prozesse:

Δ. Sei $P_p P_1$ eine Strecke des Polygons mit den Endpunkten P_p und P_1, seien $P_p P_{p+1}$ und $P_{p+1} P_1$ zwei dem Polygon nicht angehörende Strecken mit den Endpunkten P_p, P_{p+1} bzw. P_{p+1}, P_1. Die Dreiecksfläche $P_p P_{p+1} P_1$ habe außer der Strecke $P_p P_1$ keinen Punkt mit dem Polygon gemeinsam. Alsdann werde $P_p P_1$ durch $P_p P_{p+1}, P_{p+1} P_1$ ersetzt.

Δ' sei der zu Δ inverse Prozeß: Das aus drei zyklisch aufeinanderfolgenden Eckpunkten P_p, P_{p+1}, P_1 des Polygons gebildete Dreieck $P_p P_{p+1} P_1$ habe außer den Strecken $P_p P_{p+1}, P_{p+1} P_1$ keinen Punkt mit dem Polygon gemeinsam. Alsdann werde $P_p P_{p+1}, P_{p+1} P_1$ durch $P_p P_1$ ersetzt.

Polygone, die durch eine Kette von Deformationen auseinander hervorgehen, mögen *isotop* und eine Klasse isotoper Polygone ein *Knoten* heißen. Wir nennen übrigens auch das Polygon selbst einen Knoten, obgleich wir es genauer als den Repräsentanten eines Knotens bezeichnen müßten.

Eigenschaften eines Polygons, die bei Abänderungen Δ, Δ' erhalten bleiben, nennen wir Knoteneigenschaften des Polygons. Die Aufgabe der Knotentheorie ist es, einen Überblick über alle Eigenschaften eines Knotens zu gewinnen, d. h. alle Deformationsinvarianten eines geschlossenen doppelpunktfreien Polygons anzugeben.

Ein Knoten, der zu einem Dreieck isotop ist, möge ein *Kreis* genannt werden. Ein Polygon, das nicht zu einem Dreieck isotop ist, heiße *verknotet.*

Einen Knoten kann man durch Festlegung eines Durchlaufungssinnes richten und die Klassifikationsaufgabe auf diese gerichteten Streckenzüge erweitern. Der zu einem gerichteten Knoten entgegengesetzt gerichtete heiße der inverse Knoten; ein Knoten heiße sym-

---

* Diese Ziffern beziehen sich auf das am Schluß des Heftes befindliche Literaturverzeichnis.

metrisch, wenn die beiden durch Orientierung aus ihm entstehenden Knoten isotop sind. Ein Knoten heiße *amphicheiral*, wenn er zu seinem räumlichen Spiegelbild isotop ist.

An Stelle einzelner Polygone kann man Systeme von endlich vielen geschlossenen doppelpunktfreien und untereinander punktfremden Polygonen betrachten und den Abänderungen $\varDelta$ und $\varDelta'$ unterwerfen. Für diese Deformationen ist sinngemäß zu fordern, daß die Dreiecksfläche $P_p P_{p+1} P_1$ keinen Punkt mit den Polygonen des Systems, außer den Strecken, welche bei der Deformation ersetzt werden, gemeinsam habe. Zwei solche Systeme mögen isotop oder dieselbe *Verkettung* heißen, wenn sie sich durch endlich viele der Deformationen $\varDelta$ und $\varDelta'$ ineinander überführen lassen. Die einfachste Invariante einer Verkettung ist die Zahl der zu ihr gehörigen Polygone, sie heiße die Ordnung der Verkettung.

§ 2. Reguläre Projektionen.

Die bequemste Handhabe zur Festlegung eines einzelnen Knotens bieten die regulären Projektionen von Polygonen.

Wir nennen eine Parallelprojektion eines Polygons regulär, wenn ein projizierender Strahl höchstens zwei Strecken des Polygons trifft, wenn die Projektion also nur zweifache Doppelpunkte besitzt und kein Doppelpunkt der Projektion einem Eckpunkt des Polygons entspricht. Man erschließt sofort, daß eine reguläre Projektion nur endlich viele Doppelpunkte besitzt. Denn in einer Projektion mit unendlich vielen Doppelpunkten müssen die Projektionen zweier Strecken des Polygons eine Strecke s von Doppelpunkten gemeinsam haben, und s wird dann von solchen Doppelpunkten berandet, denen Eckpunkte des Polygons entsprechen. Die singulären Projektionsrichtungen können danach aus zwei Gründen singulär sein:

a) Es gibt keine Doppelpunkte, denen Eckpunkte des Polygons entsprechen. In diesem Fall gibt es mehrfache Doppelpunkte. Dann trifft der Projektionsstrahl durch diesen mehrfachen Punkt mindestens drei Geraden, auf denen Strecken des Polygons liegen. Diese Geraden müssen windschief sein, weil sonst ein Doppelpunkt auftreten würde, der einem Eckpunkt des Polygons entspricht; und der Projektionsstrahl gehört also dem durch die drei Geraden bestimmten einschaligen Hyperboloid an. Es sind also alle singulären Richtungen dieser Art unter den Richtungen enthalten, die wir erhalten, wenn wir je drei windschiefe Geraden, auf denen Strecken des Polygons liegen, herausgreifen, die durch sie bestimmten Hyperboloide und alsdann die Kegel zweiter Ordnung bilden, deren Erzeugende zu den Erzeugenden dieser Hyperboloide parallel sind.

b) Die Projektion eines Eckpunktes fällt in die Projektion einer Strecke oder eines anderen Eckpunktes. Alsdann ist der Projektionsstrahl zu einer Ebene parallel, welche durch eine Strecke und einen Eckpunkt des Polygons hindurchgeht, der nicht Endpunkt jener Strecke ist.

Die regulären Projektionsrichtungen zerfallen danach in endlich viele Gebiete, deren Ränder auf den Kegeln und Ebenen der singulären Projektionsrichtungen liegen. Eine nähere Untersuchung der singulären Projektionen ist übrigens von großem Interesse. Das zeigt z. B. der folgende Satz über die Sehnen, welche ein Polygon in vier verschiedenen Punkten treffen (*26*). Ist c die Verknotungszahl des Polygons (vgl. **2**, **1**), und ist c gerade, so ist die Anzahl der vierfachen Sehnen des Polygons mindestens c^2. Ein ähnlicher Satz gilt für Verkettungen aus zwei Polygonen $\mathfrak{k}_1$ und $\mathfrak{k}_2$. Ist c_{12} die Verkettungszahl von $\mathfrak{k}_1$ bezüglich $\mathfrak{k}_2$ und c_{21} die Verkettungszahl von $\mathfrak{k}_2$ bezüglich $\mathfrak{k}_1$ (vgl. **2**, **1**), so ist die Anzahl der vierfachen Sehnen der Verkettung mindestens $c_{12} c_{21}$.

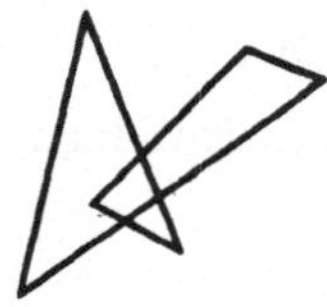

Fig. 1.

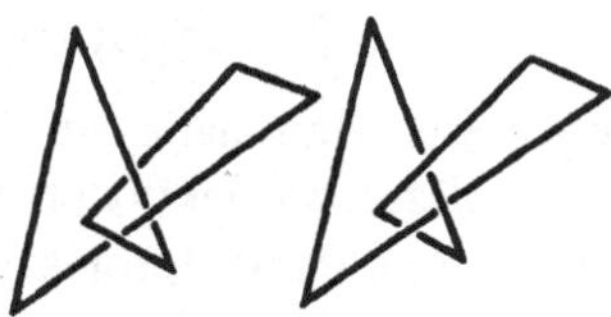

Fig. 2.

Eine reguläre Projektionskurve wird durch ihre Doppelpunkte $D_1, D_2, \ldots, D_n$ in $2n$ doppelpunktfreie Streckenzüge $z_1, z_2, \ldots, z_{2n}$ zerlegt, und sie zerlegt die Projektionsebene in endlich viele Polygone $\Gamma_1, \Gamma_2, \ldots, \Gamma_g$ und ein unendliches Gebiet Γ_0. Nach der EULERschen Polyederformel ist $g = n + 1$. Die Berandungsbeziehungen zwischen den D_i, z_k, Γ_l, die Angabe also der beiden Doppelpunkte, welche z_k beranden, und der beiden Gebiete, in deren Berandung z_k vorkommt, nennen wir kurz das *Schema der Projektion*.

Die Projektionen mögen nun normiert werden. Wir legen für jede Projektionsrichtung ein Oben und Unten fest und benennen die dem Doppelpunkt D_i der Projektion auf dem Knoten entsprechenden Punkte U_i und U^i; hierbei liege U_i unter U^i und heiße U_i eine Unterkreuzungsstelle, U^i eine Überkreuzungsstelle. Wir *normieren* die Projektion, indem wir bei jedem D_i bemerken, welche von D_i ausgehenden Streckenzüge z_k Projektionen von U_i bzw. U^i ausgehender Streckenzüge sind (Fig. 1 u. 2). Ebenso können wir das Schema der Projektion normieren. *Haben zwei Polygone dieselbe normierte Projektion, so sind sie isotop.* Haben zwei Polygone $\mathfrak{k}_1$ und $\mathfrak{k}_2$ dieselbe Projektionskurve, ist hingegen die Normierung ihrer Projektionen in allen Doppelpunkten entgegengesetzt, so ist $\mathfrak{k}_1$ zu dem Spiegelbilde von $\mathfrak{k}_2$ isotop.

Alternierend möge eine Knotenprojektion heißen, wenn jeder in einem Doppelpunkt überkreuzende Streckenzug im nächsten Doppelpunkt unterkreuzt, beim Durchlaufen des Knotens also Über- und Unterkreuzungsstellen abwechseln (Fig. 2). Wir sprechen auch von alternierenden Teilen einer Projektion. Eine reguläre Projektion läßt sich stets alternierend normieren, und zwar auf gerade zwei Weisen. Die zugehörigen Knoten sind dann Spiegelbilder (Fig. 2). In der am Schluß angegebenen Tabelle der Knoten bis zu neun Doppelpunkten bedeuten dementsprechend die nichtnormierten Projektionen stets alternierende Projektionen. Mit alternierenden Knoten meinen wir solche, die alternierende Projektionen besitzen.

§ 3. Die Operationen Ω. 1, 2, 3.

Wir wollen nun untersuchen, wie sich die normierte Projektion bei Deformation des Polygons und bei Veränderung der Projektionsrichtung verändert (*5; 28*).

Wir stellen zunächst einige Typen von Abänderungen auf, die sich durch Knotendeformationen bewirken lassen.

$\varDelta. \pi. 1$. Die Abänderung der Projektionskurve ist selbst ein Prozeß $\varDelta$ oder $\varDelta'$. Die Projektionskurve ist ja auch ein Polygon — wenn auch i. a. eines mit Doppelpunkten —, das diesen Deformationen unterworfen werden kann.

$\varDelta. \pi. 2$. Das bei den Deformationen $\varDelta$, $\varDelta'$ auftretende Dreieck $P_p P_{p+1} P_1$ besitze als Projektion ein Dreieck $P'_p P'_{p+1} P'_1$, das von den übrigen Strecken der Projektionskurve gerade in zwei Punkten D und D' auf der Strecke $P'_p P'_1$ bzw. $P'_p P'_{p+1}$ getroffen werde und das im Innern keine Doppelpunkte enthält (Fig. 3).

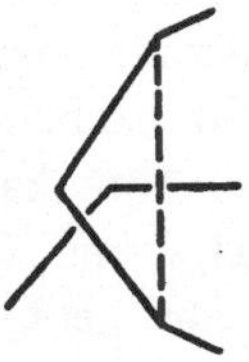

$\varDelta. \pi. 1, 2$ mögen *Deformationen der Projektionskurve* heißen. Sie lassen das Schema der Projektion unverändert. Ferner sieht man, daß sich Projektionskurven mit demselben Schema durch eine Kette von Deformationen

Fig. 3. $\varDelta. \pi. 2$.

$\varDelta. \pi. 1, 2$ ineinander überführen lassen. Daraus folgt: *Polygone, deren Projektionen dasselbe normierte Schema besitzen, sind isotop.*

Ferner lassen sich durch Deformationen $\varDelta$ die folgenden drei Operationen bewirken, die auch das Schema der Projektion abändern.

$\Omega. 1$. *Ein Teilstreckenzug, dessen Projektion doppelpunktfrei war, verwandelt sich in eine Schleife.* Es entsteht ein neuer Doppelpunkt. Die zugeordneten Unter- und Überkreuzungsstellen auf dem Polygon sind benachbart (Fig. 4).

$\Omega. 2$. *Zwei Teilstreckenzüge des Knotens, deren Projektionen keine gemeinsamen Punkte hatten, schieben sich so übereinander, daß in dem einen Zuge zwei benachbarte Überkreuzungsstellen, im andern zwei benachbarte Unterkreuzungsstellen auftreten* (Fig. 5).

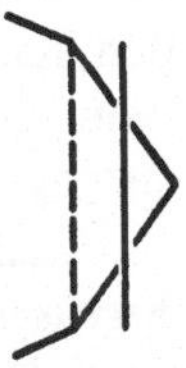

Fig. 4. $\Omega. 1$.

Fig. 5. $\Omega. 2$.

$\Omega. 3$. *Ausgangsfigur: drei Teilstreckenzüge des Knotens* s_1, s_2, s_3

liefern in der Projektion drei Doppelpunkte, die zu je zweien benachbart sind. Und zwar überkreuze s_1 sowohl s_2 wie s_3. s_2 überkreuze s_3. Operation: s_1 wird über die Unter- und Überkreuzungsstelle von s_2 und s_3 hinweggeschoben (Fig. 6).

Die inversen Operationen bezeichnen wir mit $\Omega'.\ i$ ($i = 1, 2, 3$). Es läßt sich nun zeigen, daß sich jede Abänderung der Projektion, welche durch Knotendeformationen Δ, Δ' bewirkt wird, sich auch durch iterierte Anwendung der Deformationen $\Delta.\ \pi.\ 1, 2$ und der Operationen $\Omega.\ i$ ($i = 1, 2, 3$) nebst ihren Inversen erzeugen lassen.

Der Beweis dieser Behauptung sei kurz angedeutet. Der Knoten werde deformiert, indem die Strecke $P_p P_1$ durch die beiden Strecken $P_p P_{p+1}$, $P_{p+1} P_1$ ersetzt wird. P'_p, P'_{p+1}, P'_1, die Projektionen von P_p, P_{p+1}, P_1, mögen nicht in einer Geraden liegen. Die Projektionsrichtung werde so gewählt, daß sowohl der ursprüngliche wie der deformierte Knoten sich regulär projiziert. Das Dreieck $P'_p P'_{p+1} P'_1$ enthält dann gewiß nur endlich viele Doppelpunkte im Innern und auf dem Rande. Das Dreieck kann daher durch Strecken, die parallel zu $P_p P_1$ und $P_p P_{p+1}$ sind, so in Dreiecke und Parallelogramme unterteilt werden, daß die entsprechenden Dreiecke und Parallelogramme der Projektion nur höchstens einen Doppelpunkt im Innern enthalten und alsdann gerade von vier Streckenzügen z_i, sonst nur von höchstens einem Streckenzug z_i (1, 2) je einmal getroffen werden.

Nun kann man $P_p P_1$ durch endlich viele der Operationen $\Delta.\ \pi.\ i$, $\Omega.\ i$ und $\Omega'.\ i$ in $P_p P_{p+1}$, $P_{p+1} P_1$ überführen und umgekehrt, indem man „etagenweise" die Dreiecke und Vierecke der Unterteilung abbaut.

Auch die durch Veränderung der Projektionsrichtung bewirkten Abänderungen der Projektion lassen sich aus den angegebenen Operationen $\Delta.\ \pi.$ und $\Omega.$ zusammensetzen. Wird die Projektionsrichtung stetig so verändert, daß sie dabei stets regulär bleibt, so lassen sich die Abänderungen der Projektion durch die $\Delta.\ \pi.$ erzeugen. Um eine bestimmte singuläre Projektionsrichtung zu passieren, deformieren wir den Knoten so, daß diese Richtung nicht mehr singulär ist, passieren dann die Richtung und deformieren alsdann den Knoten in seine ursprüngliche Gestalt zurück.

Damit ist gezeigt: *Die Knoteneigenschaften fallen mit denjenigen Eigenschaften des normierten Schemas der regulären Projektionen zusammen, die bei den Operationen $\Omega.\ i$, $\Omega'.\ i$ ($i = 1, 2, 3$) erhalten bleiben.* Das Knotenproblem ist also gleichwertig mit der Frage nach den verschiedenen Typen normierter regulärer Projektionen, die nicht durch Anwendung der Operationen $\Omega.$ ineinander übergeführt werden können. Analoges gilt für Verkettungen.

§ 4. Die Gebietseinteilung der Projektionsebene.

Die Gebiete Γ der Projektionsebene lassen sich so in zwei Klassen verteilen, bzw. so *schwarz* oder *weiß* färben, daß längs eines Bogens aneinanderstoßende Gebiete verschiedene Farben bekommen. In einem Doppelpunkt liegen sich dann immer Gebiete gleicher Färbung gegenüber.

Diese Einteilung läßt sich tatsächlich durchführen. Denn durchsetzt ein geschlossener Streckenzug der Projektionsebene die Knotenprojektion endlich oft, etwa c-mal, und passiert er keinen Doppelpunkt, so ist c stets eine gerade Zahl.

Das unendlich große Gebiet möge stets schwarz gefärbt sein. Die Gesamtheit der weißen Gebiete läßt sich alsdann als die Projektion eines im Endlichen verlaufenden Bandes auffassen, dessen Rand der Knoten ist. Dies Band kann orientierbar oder nicht-orientierbar sein. Es läßt sich übrigens zeigen, daß sich in jeden Knoten ein orientierbares Band einspannen läßt (*18.*)

Fig. 7.

In Analogie zu einer späteren Begriffsbildung wollen wir einen Teil einer Knotenprojektion, der eine Kette von schwarzen bzw. weißen Gebieten berandet, die je nur zwei Doppelpunkte als Randpunkte besitzen und von denen je zwei benachbarte in einem dieser Doppelpunkte aneinanderstoßen, einen *Zweierzopfteil* nennen (Fig. 7). Durch $\Omega'. 2$ kann man erreichen, daß ein Zweierzopfteil eliminiert oder alternierend wird.

Die einfachsten Knoten im Sinne der Schwarzweißfärbung sind die *„alternierenden Torusknoten"*, deren Projektionen nur zwei schwarze Gebiete besitzen. Sie lassen sich auf ein zur Torusfläche topologisch äquivalentes Polyeder legen und beranden ein zum Möbiusschen Band topologisch äquivalentes, mehrfach verdrilltes Band (Fig. 7). Ein alternierender Torusknoten mit 3 Doppelpunkten heißt „Kleeblatt-schlinge". Analog erklären wir alternierende Torus-verkettungen aus zwei Polygonen.

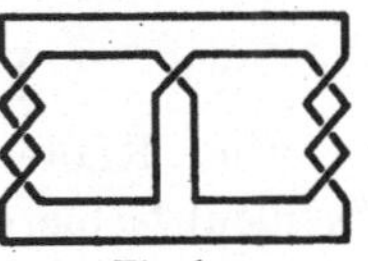

Fig. 8.

Als *„Brezelknoten"* erklären wir eine Klasse von Knoten, deren Projektionen nur drei schwarze Gebiete besitzen. Die Überkreuzungen verteilen sich dabei auf drei Zweierzopfteile (Fig. 8).

Gibt es ein weißes Gebiet Γ_1, das mit einem schwarzen Gebiet Γ_2 längs zwei verschiedener durch Doppelpunkte voneinander getrennter Strecken aneinander-stößt (Fig. 9), so sei $\mathfrak{w} = \mathfrak{w}_1\mathfrak{w}_2$ ein einfaches Polygon, das diese Strecken je einmal in P bzw. Q durch-setzt. $\mathfrak{w}_i$ verlaufe ganz in Γ_i ($i = 1, 2$). Ferner sei $\mathfrak{k}'_1$

Fig. 9.

der im Äußeren von $\mathfrak{w}$ liegende Teil der Projektion, $\mathfrak{k}'_2$ der im Inneren liegende Teil derselben. Fügen wir nun zu $\mathfrak{k}'_i$ je den Weg $\mathfrak{w}_1$ hinzu, so entstehen zwei Knoten $\mathfrak{k}_i$ ($i = 1, 2$), welche als *Bestandteile* des ursprünglichen Knotens bezeichnet werden mögen, wenn sowohl $\mathfrak{k}_1$ wie $\mathfrak{k}_2$ verknotet sind. Die Eigenschaften eines Knotens lassen sich unschwer auf die seiner Bestandteile zurückführen (3, 14). Im allgemeinen besitzt ein Knoten jedoch keine Bestandteile. In der am Schluß angegebenen Tabelle der Knoten bis zu neun Überkreuzungen sind die Knoten mit zwei oder mehr Bestandteilen fortgelassen.

Inzidiert ein Doppelpunkt D zweimal mit demselben Gebiet Γ, so müssen die beiden zu Γ gehörigen Ecken bei D kreuzweise liegen, weil sie gleichgefärbt sind. Einen solchen Doppelpunkt kann man durch eine Deformation des Knotens herausschaffen (Fig. 10).

Fig. 10. Ω. 4.

Es gibt nämlich einen ganz in Γ verlaufenden, die Knotenprojektion nur in D einmal durchsetzenden geschlossenen Weg $\mathfrak{w}$. Dreht man den von diesem Weg eingeschlossenen Teil der Knotenprojektion in geeigneter Weise um 180°, so entsteht eine Projektion, die den Doppelpunkt D nicht mehr enthält. Diese Abänderung — sie heiße Ω. 4 — läßt sich durch eine Folge von Knotendeformationen bewirken, wie man an der zugehörigen räumlichen Abänderung des Knotens leicht erkennt.

Durch wiederholte Anwendung von Ω. 4 kann man erreichen, daß die Knotenprojektion keine Doppelpunkte besitzt, die mit einem Gebiet doppelt inzidieren. Wir bemerken noch: *Eine alternierende Projektion bleibt bei Ω. 4 alternierend.* In dem vom Wege $\mathfrak{w}$ eingeschlossenen Teil der Projektion werden nämlich hierbei die Überkreuzungen in Unterkreuzungen verwandelt und umgekehrt, und mit D ist eine Überkreuzungsstelle und eine Unterkreuzungsstelle vernichtet.

§ 5. Normale Knotenprojektionen.

Eine Knotenprojektion heiße normal für die beiden schwarzen (weißen) Gebiete Γ_i, Γ_k, wenn entweder Γ_i, Γ_k keinen oder nur einen gemeinsamen Doppelpunkt haben, oder die gleichzeitig mit ihnen inzidierenden Doppelpunkte auf einem alternierenden Zweierzopfteil liegen. Die Projektion heiße normal, wenn sie für sämtliche Paare gleichgefärbter Gebiete normal ist und kein Gebiet an sich anstößt.

Jede reguläre normierte Knotenprojektion mit n Doppelpunkten läßt sich in eine normale mit höchstens ebensoviel Doppelpunkten verwandeln[1].

Sei eine Projektion noch nicht normal und inzidieren zwei Doppelpunkte D_1 und D_2 auf verschiedenen Zweierzopfteilen der Projektion z. B. mit den zwei schwarzen Gebieten Γ_i und Γ_k, so kann man in der Projektionsebene einen Weg $\mathfrak{w}_i\mathfrak{w}_k$ angeben, der die Projektion nur einmal je in D_1 und D_2 durchsetzt; $\mathfrak{w}_i$ laufe von D_1 bis D_2 in Γ_i und $\mathfrak{w}_k$ von D_2 bis D_1 in Γ_k. Nun möge die Projektion mittels Δ. π. und $\mathfrak{w}_i\mathfrak{w}_k$

---

[1] GOERITZ, L.: Nicht veröffentlicht.

so deformiert werden, daß $\mathfrak{w}_i\mathfrak{w}_k$ in einen Kreis übergeht, der durch D_1 und D_2 halbiert wird. Dann werde das innerhalb des Kreises $\mathfrak{w}_i\mathfrak{w}_k$ liegende Stück des Knotens um die Gerade durch D_1D_2 als Achse um 180° gedreht (Fig. 11). Der Drehsinn läßt sich alsdann so einrichten, daß bei D_2 eine Überkreuzung herausgedrillt und bei D_1 eine Überkreuzung hereingedrillt wird. Dieser Prozeß heiße $\Omega.\,5$.

Aus der damit verbundenen räumlichen Abänderung erkennt man, daß sich $\Omega.\,5$ durch eine Folge von Knotendeformationen bewirken läßt. Entsprechend der Wahl des Umlegungssinnes ist die Wahl des Zweierzopfteiles, auf den man die beiden Überkreuzungen vereinigen will, noch willkürlich.

Daß man durch wiederholte Anwendung von $\Omega.\,5$ jede Projektion in eine in bezug auf die schwarzen Gebiete normale Projektion verwandeln kann, erkennt man so: Die mit Γ_i und Γ_l inzidierenden Doppelpunkte des vom Wege eingeschlossenen Teiles der Projektion

Fig. 11. $\Omega.\,5$.

gehen in mit Γ_k und Γ_l inzidierende Doppelpunkte über und die mit Γ_k und Γ_l in mit Γ_i und Γ_l inzidierende. Ist die Projektion also für Γ_i und Γ_l normal, so ist die abgeänderte Projektion für Γ_k und Γ_l normal. Alle anderen Inzidenzen in bezug auf die schwarzen Gebiete bleiben erhalten. Insbesondere gehen alle mit Γ_i und Γ_k inzidierende Doppelpunkte in mit Γ_i und Γ_k inzidierende über. Also kann man sukzessive für Γ_i und Γ_k und alsdann für die schwarzen Gebiete überhaupt erreichen, daß die mit zwei Gebieten inzidierenden Doppelpunkte auf einem einzigen Zweierzopfteil liegen, den man durch Anwendung von $\Omega'.\,2$ in einen alternierenden verwandelt. Dabei bleiben zwei normale weiße Gebiete mit zwei oder mehr gemeinsamen Doppelpunkten normal, und es entstehen keine neuen nichtnormalen weißen Gebietspaare. Um also zu erreichen, daß die Projektion überhaupt normal liegt, wendet man den eben beschriebenen Prozeß nacheinander für die schwarzen und weißen Gebiete an.

Daß alternierende Knoten bei $\Omega.\,5$ in alternierende übergehen, folgt wie beim Beweis dieser Behauptung für $\Omega.\,4$.

§ 6. Zöpfe.

Unter einem offenen Zopf (7) q-ter Ordnung verstehen wir das folgende Gebilde: Auf einem Paar von Gegenseiten g_1 und g_2 eines Rechtecks P seien zwei kongruente äquidistante Punktreihen $A_1, A_2, \ldots, A_q$ bzw. $B_1, B_2, \ldots, B_q$ markiert. Jedem der Punkte A_i sei eindeutig ein Punkt B_{k_i} zugeordnet und A_i mit B_{k_i} durch einen von A_i nach B_{k_i} gerichteten doppelpunktfreien Streckenzug verbunden; je zwei dieser Streckenzüge seien punktfremd. Die Projektionen der Streckenzüge in die durch g_1 und g_2 bestimmte Ebene sollen ferner ganz im Innern des von g_1 und g_2 gebildeten Rechtecks verlaufen und von jeder Parallelen zu g_i in höchstens einem Punkte getroffen werden. Ferner liege auf einer Parallelen zu g_i höchstens ein Doppelpunkt der Zopfprojektion (Fig. 12).

Die q Streckenzüge nennen wir die Fäden des Zopfes. Ist g eine Parallele zu den Rechteckseiten g_i durch den Doppelpunkt D der Projektion und trifft g links von D etwa $k - 1$ Fäden, also rechts von D

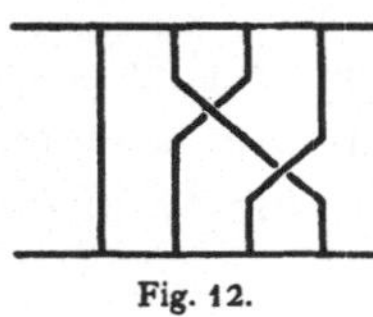

Fig. 12.

gerade $q - k - 1$ Fäden der Projektion, so nennen wir D eine Überkreuzung des k-ten und $(k + 1)$-ten Fadens. Die Numerierung der Fäden ändert sich also bei jedem Doppelpunkt. Ein Zopf heiße *gleichsinnig verdrillt*, wenn stets der k-te Faden den $(k + 1)$-ten über(unter)kreuzt.

Als Beispiel für gleichsinnig verdrillte Zöpfe geben wir die *Zylinderzöpfe* an. Unter einem Zylinderzopf mit der Verdrillung $+1$ (-1) verstehen wir einen Zopf mit $q - 1$ Überkreuzungen, bei dem nacheinander der i-te Faden den $(i + 1)$-ten Faden überkreuzt (unterkreuzt) $(i = 1, 2, \ldots, q - 1)$. Unter einem Zylinderzopf mit der Verdrillung $r > 0$ $(r < 0)$ verstehen wir einen Zopf, der sich durch $|r| - 1$ Parallelen zu den Rechteckseiten g_i in $|r|$ Zylinderzöpfe mit der Verdrillung $+1$ (-1) zerlegen läßt. Diese Zöpfe lassen sich offenbar auf zylinderartige Polyeder legen.

Der in 1, 4 eingeführte Zweierzopfteil läßt sich durch Deformationen $\varDelta.\pi.$ in einen offenen Zylinderzopf zweiter Ordnung verwandeln.

Unter einem *geschlossenen Zopf* mit der Geraden a als Achse verstehen wir ein doppelpunktfreies geschlossenes orientiertes Polygon oder ein System von solchen Polygonen, dessen orthogonale Projektion in eine zu a senkrechte Ebene regulär ist und folgende weitere Eigenschaft hat: Sind PQ zwei im Sinn der Orientierung aufeinander folgende Polygonecken und A der der Achse a und der Projektionsebene gemeinsame Punkt, so möge das Dreieck APQ stets positiven Umlaufssinn

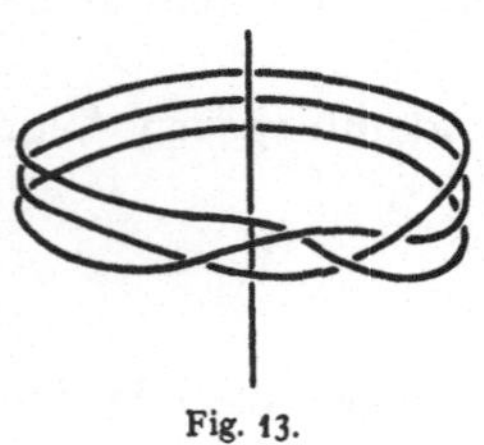

Fig. 13.

besitzen. Die Polygone umschlingen die Achse in einem bestimmten Sinn insgesamt endlich oft, etwa q-mal; q heiße die Ordnung des Zopfes (Fig. 13).

Einem offenen Zopf läßt sich in der folgenden Weise ein geschlossener Zopf zuordnen (Fig. 14): Wir

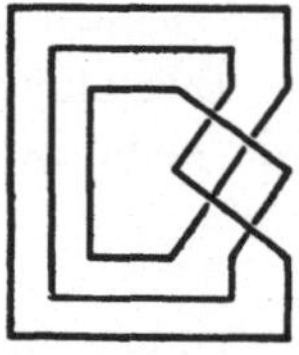

Fig. 14.

wählen die Ebene des Rechtecks P als Projektionsebene und eine auf ihr senkrechte Gerade a, die die Projektionsebene in einem Punkt A außerhalb des Rechtecks P durchsetzt, als Achse. Alsdann verbinden wir je A_i und B_i durch doppelpunktfreie, untereinander punktfremde Streckenzüge der Projektionsebene, die außerhalb des Rechtecks P verlaufen und, durch die Strecke $A_i B_i$ ergänzt, ein konvexes Polygon bilden, das A im Innern enthält; alsdann löschen wir die Rechteckseiten aus. Einem gleichsinnig verdrillten offenen Zopf zweiter Ordnung ist so ein alternierender Torusknoten oder eine alternierende Torusverkettung zugeordnet. Allgemein entspricht einem Zylinderzopf ein solcher geschlossener Zopf, der sich auf ein zum Torus topologisch äquivalentes Polyeder legen läßt (Fig. 14) und dementsprechend Toruszopf, Torusknoten oder Torusverkettung heiße.

Durch Deformationen $\Delta.\pi.$ kann man umgekehrt jeden geschlossenen Zopf so abändern, daß er in einen gewissen, einem offenen Zopf zugeordneten geschlossenen Zopf übergeht.

Aus einem offenen Zopf kann man noch in anderer Weise Knoten bzw. Verkettungen bilden. Sei z. B. ein offener Zopf 4. Ordnung vorgelegt. Dann vereinigen wir die beiden ersten und beiden letzten der Punkte auf den Seiten des Rechtecks und löschen die Rechteckseiten

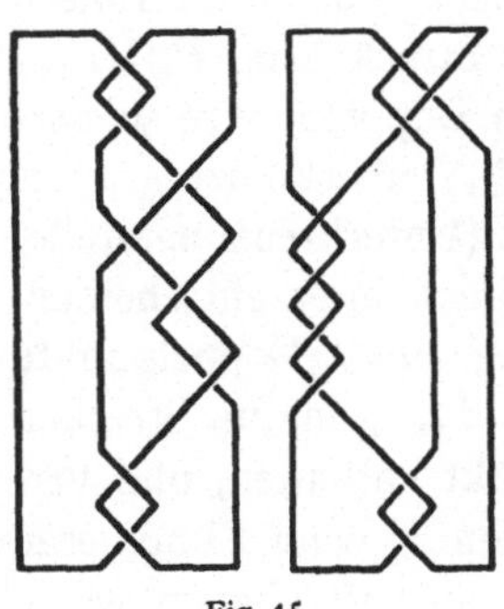

Fig. 15.

aus. Das so entstandene System aus einem oder zwei Polygonen heiße ein *Viergeflecht*. Fig. 15 gibt die Knoten 8_{14} und 9_8 der Knotentabelle am Schluß als Viergeflechte wieder; Fig. 16 stellt eine Viergeflechtsverkettung dar.

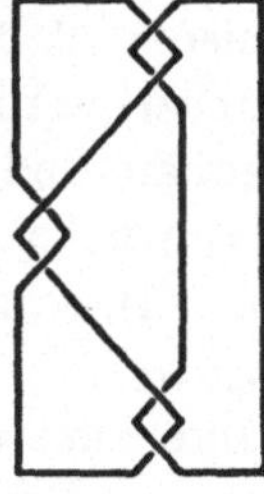

Fig. 16.

Wir können ein Viergeflecht stets so deformieren, daß die ersten a_1 Überkreuzungen auf den beiden mittleren Fäden liegen, dann $b_{1\lambda}$ Überkreuzungen auf den linken beiden und $b_{1\varrho}$ Überkreuzungen auf den rechten beiden, dann wieder a_2 Überkreuzungen auf den mittleren, $b_{2\lambda}$ und $b_{2\varrho}$ auf den linken bzw. rechten Fäden usf. folgen und zum Schluß a_n Überkreuzungen auf den mittleren beiden Fäden liegen. Die Doppelpunkte eines Viergeflechts verteilen sich also auf $3n - 2$ Zweierzopfteile, die nach 1, 4 als alternierend vorausgesetzt werden können. Das Schema eines Viergeflechts ist daher durch die Anzahlen $a_i, b_{i\lambda}, b_{i\varrho}$ und die Angabe des Verdrillungssinnes für jeden Zweierzopfteil gekennzeichnet. Entsprechendes gilt für Geflechte aus $2a$ Fäden. Brezelknoten, die auf dem mittleren Zweierzopfteil nur eine Überkreuzung besitzen, lassen sich leicht in Viergeflechte deformieren (Fig. 8 u. 17).

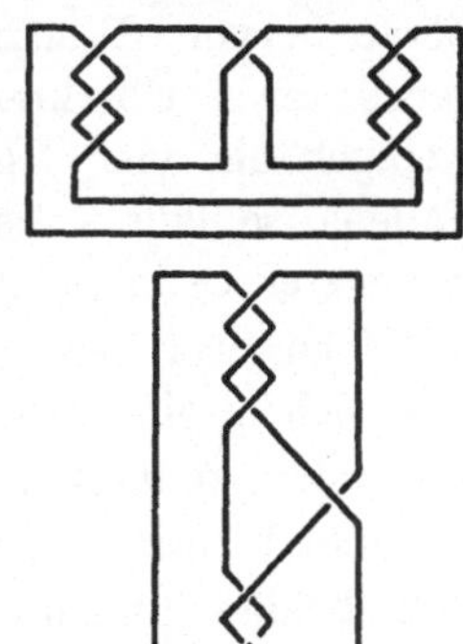

Fig. 17.

§ 7. Knoten und Zöpfe.

Man kann einen beliebigen Knoten in einen Zopf deformieren (2). Zum Beweis sei irgendeine reguläre Knotenprojektion mit den Eckpunkten P_i

$(i = 1, 2, \ldots, p)$ vorgelegt; sie setzt sich also aus den euklidischen Verbindungsstrecken $s_i = P_i P_{i+1}$ $(i = 1, 2, \ldots, p)$ dieser Punkte zusammen, wo $P_{p+1} = P_1$ sei. A sei irgendein Punkt, um den wir die Projektion zopfartig legen wollen. Keines der Dreiecke

$$A P_i P_{i+1} \qquad\qquad (i = 1, 2, \ldots, p)$$

möge entartet sein. Wir zerlegen nun die Strecken in zwei Klassen „positive" und „negative", je nachdem, ob das Dreieck $A P_i P_{i+1}$ positiven oder negativen Umlaufssinn besitzt. Wir behaupten, daß wir durch eine Deformation eine Strecke s_i des zweiten Typs entfernen können, ohne neue Strecken dieses Typs einzuführen.

Das ist klar, falls s_i nur höchstens einen Doppelpunkt enthält. Ist $A P_i P_{i+1}$ nämlich das zu s_i gehörige negativ umlaufene Dreieck und $A' P_i P_{i+1}$ ein ein wenig abgeändertes Dreieck, das A im Innern enthält, so können wir die Strecke s_i durch den Streckenzug $P_i A' P_{i+1}$ ersetzen, indem wir die auf $P_i A' P_{i+1}$ liegenden Doppelpunkte so normieren, daß sämtliche Strecken durch $P_i A' P_{i+1}$ überkreuzt (unterkreuzt) werden, falls s_i eine Überkreuzungsstelle (Unterkreuzungsstelle) enthält, und uns für irgendeine dieser beiden Möglichkeiten entscheiden, wenn s_i keinen Doppelpunkt enthält. Enthält s_i nun k Doppelpunkte $(k > 1)$, so zerlegen wir s_i durch $P_{i1}, P_{i2}, \ldots, P_{ik-1}$ in die Strecken $s_{i1}, s_{i2}, \ldots, s_{ik}$, welche je nur einen Doppelpunkt enthalten, und verfahren mit den s_{il} wie mit s_i vorhin. Da auf den s_{il} beim Eliminieren von s_{ij} $(j \neq l)$ hierbei kein neuer Doppelpunkt auftritt, haben wir s_i in k Schritten eliminiert. Ein analoger Satz gilt für Verkettungen.

Daß ein Knoten sich in verschiedene Zöpfe verwandeln läßt, geht z. B. aus Fig. 14 hervor, die eine Kleeblattschlinge darstellt. Wir heben ferner den folgenden Satz[1] über gleichsinnig verdrillte geschlossene Zöpfe hervor: Besitzt ein gleichsinnig verdrillter geschlossener Zopf gerade zwei Überkreuzungen des k-ten und $(k + 1)$-ten Fadens und weniger als vier Überkreuzungen des $(k + 1)$-ten und $(k + 2)$-ten Fadens, so läßt er sich in einen gleichsinnig verdrillten Zopf von geringerer Ordnung deformieren.

Noch zwei Bemerkungen über Viergeflechte[1]. Jedes Viergeflecht $\mathfrak{v}$ läßt sich in ein normales Viergeflecht $\mathfrak{v}'$ bzw. $\mathfrak{v}''$ deformieren mit der folgenden weiteren Eigenschaft:

$\mathfrak{v}'$ $(\mathfrak{v}'')$ besitzt nur Überkreuzungen auf den beiden mittleren und den beiden linken (rechten) Fäden. Sind $a_i, b_{i\lambda}, b_{i\varrho}$; $a_i', b_{i\lambda}', b_{i\varrho}'$; $a_i'', b_{i\lambda}'', b_{i\varrho}''$ $(i = 1, 2, \ldots, n)$ die den Viergeflechten zugeordneten Anzahlen, so ist also $b_{i\varrho}' = b_{i\lambda}'' = 0$.

Es gilt nun ferner

$$a_i = a_i' = a_i'', \qquad b_{i\lambda}' = b_{i\varrho}''. \qquad (i = 1, 2, \ldots, n)$$

---

[1] Bankwitz, C.: Nicht veröffentlicht.

Ist $\mathfrak{v}$ alternierend, so sind auch $\mathfrak{v}'$ und $\mathfrak{v}''$ alternierend, die entsprechenden Zweierzopfteile sind gleichartig verdrillt, und es ist

$$b'_{i\lambda} = b_{i\lambda} + b_{i\varrho} = b''_{i\varrho} \, . \qquad (i = 1, 2, \ldots, n)$$

Bei nichtalternierendem $\mathfrak{v}$ sind die Beziehungen zwischen der Verdrillung entsprechender Zweierzopfteile und Anzahlen etwas komplizierter.

$\mathfrak{v}'$ und $\mathfrak{v}''$ gehen durch eine Drehung um $180°$ und etwaige Deformationen $\varDelta.\pi.$ auseinander hervor. Hieraus läßt sich folgern, daß die durch ein Viergeflecht $\mathfrak{v}$ darstellbaren Knoten symmetrisch sind.

§ 8. Parallelknoten. Schlauchknoten.

Sind x_i $(i = 1, 2, 3)$ kartesische Koordinaten, ist $\mathfrak{z}$ ein geschlossener Zopf mit der x_3-Achse des Koordinatensystems als Zopfachse, und ist etwa $x_3 = 0$ die Gleichung der Projektionsebene, so geht $\mathfrak{z}$ bei der Transformation

$$x'_1 = d x_1 , \quad x'_2 = d x_2 , \quad x'_3 = x_3$$

in einen isotopen Zopf $\mathfrak{z}^{(1)}$ über, der bei genügend kleinem d keinen Punkt mit $\mathfrak{z}$ gemeinsam hat. Man erkennt dies an der Projektion von $\mathfrak{z}^{(1)}$, die eine äußere oder innere Parallelkurve zu der Projektion von $\mathfrak{z}$ ist, je nachdem $d > 1$ oder $d < 1$ ist. $\mathfrak{z}^{(1)}$ selbst ist eine Parallelkurve zu $\mathfrak{z}$. Diesen Prozeß kann man etwa q-mal iterieren; man erhält so q Zöpfe $\mathfrak{z}^{(1)}, \mathfrak{z}^{(2)}, \ldots, \mathfrak{z}^{(q)}$, welche insgesamt eine Verkettung aus q isotopen Kurven bilden.

Um diese Verkettung noch auf eine andere Art zu veranschaulichen, betrachten wir einen Schlauch $\mathfrak{S}$, der die Kugeln mit konstantem Radius ϱ, deren Mittelpunkte auf $\mathfrak{z}$ liegen, einhüllt. Ist ϱ klein genug, so ist $\mathfrak{S}$ eine doppelpunktfreie Fläche, die sich eineindeutig und stetig auf den Torus abbilden läßt. $\mathfrak{z}$ möge die Seele von $\mathfrak{S}$ heißen. Wir können nun die $\mathfrak{z}^{(i)}$ $(i = 1, 2, \ldots, q)$ in ein System von einfachen, allerdings krummlinigen Kurven des Schlauches $\mathfrak{S}$ deformieren.

Die konstruierte Verkettung unterwerfen wir nun noch der folgenden Abänderung. Es sei s_i eine Strecke von $\mathfrak{z}$ und $s_i^{(k)}$ $(k = 1, 2, \ldots, q)$ die entsprechenden parallelen Strecken von $\mathfrak{z}^{(i)}$. Diese Strecken mögen durch die Gegenseiten g_1, g_2 eines Rechtecks in $A^{(k)}, B^{(k)}$ ge-

Fig. 18.

troffen und die q Teilstrecken $A^{(k)} B^{(k)}$ durch einen Zylinderzopf q-ter Ordnung mit der Verdrillung r ersetzt werden. Falls q zu r teilerfremd ist, entsteht so ein einziges Polygon, das ein *Parallelknoten* zu $\mathfrak{z}$ heißen möge (Fig. 18). Bildet man einen Parallelknoten, indem man an einer anderen Stelle aufschneidet und einen Zylinderzopf mit der Verdrillung r einfügt, so entsteht ein zu dem ersten isotoper Parallelknoten. *Die Isotopieklasse eines Parallelknotens ist also durch die Zahlen q, r festgelegt.* Natürlich ist damit noch nicht gesagt, daß verschiedene Zahlenpaare auch verschiedene Isotopieklassen liefern.

Ähnlich kann man bei beliebigen Knoten $\mathfrak{k}$ Parallelknoten $\mathfrak{k}_{qr}$ erklären. Hierzu sei noch bemerkt: Deformiert man $\mathfrak{k}$ in $\mathfrak{k}'$ und bildet die Parallelknoten $\mathfrak{k}'_{qr'}$ von $\mathfrak{k}'$, so läßt sich jeder Knoten $\mathfrak{k}_{qr}$ in einen Knoten $\mathfrak{k}'_{qr'}$ deformieren; hierbei entsprechen sich jedoch unter Umständen Parallelknoten mit verschiedenem r, r'. Sämtliche einfachen geschlossenen Kurven des Schlauches $\mathfrak{S}$ lassen sich in Parallelknoten zu der Seele des Schlauches oder in ein Dreieck deformieren.

Als *Schlauchknoten* (*11; 21; 34*) *s*-ter Stufe bezeichnen wir diejenigen Knoten, die durch *s*-malige Bildung von Parallelknoten aus dem Kreis entstehen.

Ein Schlauchknoten erster Stufe ist also bestimmt durch Angabe von zwei teilerfremden Zahlen q_1 und r_1. Die q_1 Fäden winden sich $|r_1|$-mal um den Kreis herum. Diese Knoten heißen Torusknoten, da sie sich doppelpunktfrei auf eine unverknotete Torusfläche legen lassen.

Die Schlauchknoten zweiter Stufe liegen auf einem Schlauch, dessen Seele ein Torusknoten ist; er ist bestimmt durch die Angabe von vier Zahlen q_1, r_1, q_2, r_2:

q_1, r_1 zur Bestimmung des Torusknotens,

q_2, r_2 zur Bestimmung des Parallelknotens

desselben (Fig. 18).

Allgemein ist ein Schlauchknoten *s*-ter Stufe durch die Angabe von *s* Zahlenpaaren

$$q_1, r_1; \quad q_2, r_2; \ldots; \quad q_s, r_s$$

bestimmt, wobei $q_i > 1$ und q_i, r_i teilerfremd sein muß. Die Schlauchknoten stehen in einer wichtigen engen Beziehung zu den Singularitäten ebener algebraischer Kurven (*11; 21; 34*).

Zweites Kapitel.

Knoten und Matrizen.

§ 1. Elementare Invarianten.

Es ist sehr einfach, eine Reihe von Knoteninvarianten zu definieren, ohne gleichzeitig eine Vorschrift anzugeben, dieselben aufzufinden. Unter allen regulären Projektionen eines Knotens gibt es z. B. solche, in der die Anzahl der Doppelpunkte, der Gebiete oder der schwarzen Gebiete der Projektion am kleinsten ist, und die zugehörigen Minimalanzahlen sind entsprechend ihrer Definition Knoteninvarianten.

Jede Knotenprojektion kann man ferner durch geeignete Verwandlung von Überkreuzungen in Unterkreuzungen bei etwa k Doppelpunkten der Projektion in eine Kreisprojektion überführen. Das Minimum $m(k)$ dieser Operationen, die Minimalanzahl der Selbstdurchdringung also, durch welche ein Knoten in einen Kreis übergeführt wird, ist ein natürliches Maß der Verknotung. Ferner lassen sich nach 1, 4 in jedes Polygon doppelpunktfreie Polyeder einspannen. Diesen kommt im Sinne der kombinatorischen Topologie eine bestimmte Charakteristik k zu, und das Minimum $m(k)$ derselben ist eine Invariante. Der Kreis ist offenbar dadurch gekennzeichnet, daß das eingespannte Polyeder von der Minimalcharakteristik ein Flächenstück im Sinne der kombinatorischen Topologie ist.

Schließlich kann man zu jedem Polygon die von ihm berandeten Polyeder mit Selbstdurchdringung betrachten, die im Sinne der kombinatorischen Topologie Flächenstücke mit Singularitäten sind. Unter r verstehen wir die Anzahl der Schnittpunkte des Polygons mit dem eingespannten Flächenstück und nennen r auch die Anzahl der Randsingularitäten. Die Verknotungszahl c sei nun das Minimum $m(r) = c$. Die Behauptung, daß der Kreis durch $m(r) = 0$ gekennzeichnet sei, ist der Inhalt des sog. DEHNschen Lemmas, dessen Beweis jedoch nicht stichhaltig ist (15; 22). c ist vermutlich stets eine gerade Zahl; aus $c < 2$ folgt (26) $c = 0$.

So einfach und geometrisch sinnvoll die Definition dieser verschiedenen Knoteneigenschaften ist, es gibt keine Methode, sie allgemein festzustellen, sie z. B. aus einer Knotenprojektion abzulesen.

Etwas zugänglicher sind die analogen Fragen bei Verkettungen. Ist eine reguläre Projektion einer Verkettung aus zwei orientierten Polygonen $\mathfrak{k}_1$ und $\mathfrak{k}_2$ vorgelegt, so seien D_i ($i = 1, 2, \ldots, h$) die Doppelpunkte, in denen $\mathfrak{k}_1$ das Polygon $\mathfrak{k}_2$ überkreuzt, und ε_i die diesen Doppelpunkten in 2, 2 (1) zugeordnete Charakteristik. Setzen wir (12)

$$\sum_{i=1}^{h} \varepsilon_i = v_{12}$$

und bilden analog v_{21}, so ist $v_{12} = v_{21} = v$. Wir nennen v die *Verschlingungszahl* der Verkettung Die Invarianz von v bei Deformationen läßt sich leicht nachweisen; v ist ferner gegenüber solchen Deformationen invariant, bei denen die Polygone $\mathfrak{k}_i$ sich mit sich selbst, aber nicht untereinander durchsetzen dürfen. Durch solche Deformationen läßt sich eine Verkettung mit der Verschlingungszahl v in eine alternierende Torusverkettung mit $2\,v$ Überkreuzungen überführen. GAUSS (17) hat ein Integral zur Berechnung von v angegeben; zur Berechnung von v mittels der Wegegruppe des Knotens $\mathfrak{k}_1$ oder $\mathfrak{k}_2$ vgl. man 3, 9.

Zwei Polygone $\mathfrak{k}_1$, $\mathfrak{k}_2$ einer Verkettung mögen unverkettet heißen, wenn sie durch Deformationen $\varDelta$, $\varDelta'$ in Polygone übergeführt werden können, deren Projektionen punktfremd sind.

Unterwerfen wir $\mathfrak{k}_1$ beliebigen Deformationen, bei denen $\mathfrak{k}_1$ sowohl sich selbst als wie $\mathfrak{k}_2$ durchdringen darf, so läßt sich $\mathfrak{k}_1$ natürlich in eine mit $\mathfrak{k}_2$ unverkettete Kurve verwandeln. Unter der *Verkettungszahl* c_{12} von $\mathfrak{k}_1$ bezüglich $\mathfrak{k}_2$ verstehen wir nun die Minimalanzahl von Durchdringungen mit $\mathfrak{k}_2$, die erforderlich ist, um $\mathfrak{k}_1$ in eine mit $\mathfrak{k}_2$ unverkettete Kurve überzuführen.

c_{12} ist i. a. von c_{21} verschieden (*26*), bei unverknoteten Kurven ist hingegen $c_{12} = c_{21}$. In **3**, 9 werden wir zeigen, daß es Polygone mit $v = 0$ und $c_{12} \neq 0$ gibt. Daß zwei Polygone mit $c_{12} = c_{21} = 0$ noch verkettet sein können, zeigen die Viergeflechte (*6*); die Wegegruppen dieser Verkettungen sind nämlich von den Wegegruppen zweier unverketteter Kreise nach **3**, 14 verschieden. Für die Verkettungszahlen gibt es direkte Berechnungsvorschriften nicht.

§ 2. Die Matrizen $(c^k_{\alpha\beta})$.

Wir wollen uns nunmehr nach Methoden umsehen, berechenbare Knoteninvarianten aufzufinden. Wir gehen so vor, daß wir zunächst rein formal die Berechnungsvorschriften zur Definition der Invarianten angeben, dann formal ihre Invarianz nachweisen und erst zum Schluß in **3**, 8 und **3**, 10 ihre geometrische Bedeutung untersuchen.

Zu diesem Zweck erklären wir zunächst Matrizen, die man aus einer vorgelegten regulären normierten Knotenprojektion direkt ablesen kann; die von Eins verschiedenen Elementarteiler dieser Matrizen werden sich als Knoteninvarianten herausstellen.

Die Knotenprojektion besitze n Doppelpunkte D_i $(i = 1, 2, \ldots, n)$. Die zugehörigen Unterkreuzungsstellen U_i zerlegen den Knoten in n Streckenzüge $s_1, s_2, \ldots, s_n$. Nach Auszeichnung einer Richtung des Knotens können wir die D_i und s_i so numerieren, daß s_i dem Durchlaufungssinn entsprechend von D_{i-1} nach D_i führt; der Streckenzug $s_i s_{i+1}$ werde in D_i von $s_{\lambda(i)}$ überkreuzt $(i = 1, 2, \ldots, n)$; hierbei sei $D_0 = D_n$, $D_{n+1} = D_1$ und $s_{n+1} = s_1$.

Nach Auszeichnung eines positiven Drehsinns in der Projektionsebene ordnet man dem Punkte D die *Charakteristik*

$$(1) \qquad\qquad \varepsilon = \pm 1$$

zu, wo $\varepsilon = +1$ oder $\varepsilon = -1$ ist, je nachdem die Richtung des überkreuzenden Bogens sich durch eine positive oder negative Drehung um D_i von einem Winkel kleiner als zwei Rechte in die Richtung von s_i überführen läßt (Fig. 19). Die Charakteristik hängt nicht von der Orientierung des Knotens ab.

Nun bilden wir zu einer beliebigen festen ganzen Zahl $h \geq 1$ eine Matrix $(c^h_{\alpha\beta})$ von $h \cdot n$ Zeilen und Spalten nach folgender Vorschrift (8):

Jedem Bogen s_i $(i = 1, 2, \ldots, n)$ ordnen wir h Spalten (i, k) $(k = 0, 1, \ldots, h - 1)$ und jedem Punkt D_i $(i = 1, 2, \ldots, n)$ ordnen wir h Zeilen (i, k) $(k = 0, 1, \ldots, h - 1)$ unserer Matrix zu.

Ist $\lambda(i) \neq i$, $i + 1$ und $\varepsilon_i = +1$, so setzen wir in der Zeile (i, k)

-1 in die Spalte $(i + 1, k - 1)$
$+1$ in die Spalte (i, k)
$+1$ in die Spalte $(\lambda(i), k - 1)$
-1 in die Spalte $(\lambda(i), k)$.

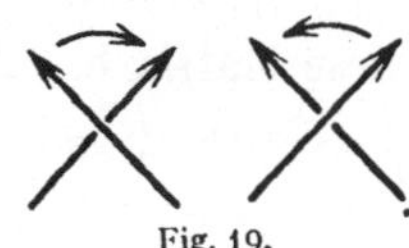

Fig. 19.

Ist $\lambda(i) \neq i$, $i + 1$ und ist $\varepsilon_i = -1$, so setzen wir in der Zeile (i, k)

-1 in die Spalte $(i + 1, k - 1)$ | -1 in die Spalte $(\lambda(i), k - 2)$
$+1$ in die Spalte $(i, k - 2)$ | $+1$ in die Spalte $(\lambda(i), k - 1)$

und beidemal in die anderen Stellen dieser Zeilen je Null.

Ist $\lambda(i) = i$, so schreibe man sowohl für $\varepsilon_i = +1$ wie für $\varepsilon_i = -1$

-1 in die Spalte $(i + 1, k - 1)$
$+1$ in die Spalte $(i, k - 1)$

und an die übrigen Stellen Null.

Ist $\lambda(i) = i + 1$, so schreibe man für $\varepsilon_i = +1$ bzw. $\varepsilon_i = -1$

$+1$ in die Spalte (i, k) bzw. $(i, k - 2)$
-1 in die Spalte $(i + 1, k)$ bzw. $(i + 1, k - 2)$

und an die übrigen Stellen Null. Hierbei bedeute $(i, -1)$ und $(i, -2)$ bzw. die Spalte $(i, h - 1)$ und $(i, h - 2)$, wenn $h \geqq 2$ ist, und die Spalte $(i, 0)$, wenn $h = 1$ ist.

Die Matrizen $(c^h_{\alpha\beta})$ lassen sich aus den normierten Berandungsbeziehungen der Doppelpunkte D_i und der Streckenzüge z_k der Projektion ablesen. Umgekehrt lassen sich diese Berandungsbeziehungen aber auch aus jeder Matrix $(c^h_{\alpha\beta})$ bestimmen. *Die von Eins verschiedenen Elementarteiler von $(c^h_{\alpha\beta})$ mögen Torsionszahlen h-ter Stufe heißen.*

Aus der Matrix $(c^h_{\alpha\beta})$ erhält man eine Matrix mit gleichen Elementarteilern, wenn man h Spalten (i_0, k) $(k = 0, 1, \ldots, h - 1)$ mit beliebigen i_0 streicht; denn addiert man je n Spalten (i, k) mit festem k zueinander, so erhält man eine Spalte aus nur Nullen.

Die Elementarteiler der Matrix $(c^1_{\alpha\beta})$ sind sämtlich gleich 1.

Eine andere aus denselben Inzidenzbeziehungen bestimmbare Matrix mit invarianten Elementarteilern erhält man durch die folgende Vorschrift: Es möge jedem Bogen s_i die i-te Spalte und jedem Doppelpunkt D_i die i-te Zeile einer Matrix zugeordnet sein. Falls $\lambda(i) \neq i$ und $\lambda(i) \neq i + 1$ ist, so setze man in der Zeile i

$+1$ in die Spalte i und $i + 1$
-2 in die Spalte $\lambda(i)$

und für alle übrigen Elemente der Zeile Null.

2*

Falls $\lambda(i) = i + 1$, setze man in der Zeile i

    $+1$ in die Spalte i

    -1 in die Spalte $i + 1$

und Null in die übrigen Stellen der Zeile. Falls $\lambda(i) = i$ ist, setze man

    $+1$ in die Spalte $i + 1$

    -1 in die Spalte i.

Diese Matrix hat dieselben von Eins verschiedenen Elementarteiler wie die Matrix $(c_{\alpha\beta}^2)$.

§ 3. Die Matrix (a_{ik}).

Wir bilden jetzt Matrizen, deren Spalten den verschiedenen im Endlichen gelegenen Gebieten der Knotenprojektion entsprechen. Wir beschränken uns auf zwei Beispiele dieser Art: Es entspreche wieder dem Doppelpunkt D_i $(i = 1, 2, \ldots, n)$ die i-te Zeile und dem Gebiet Γ_k $(k = 1, 2, \ldots, n + 1)$ die k-te Spalte. Die Elemente der Matrix mögen mit b_{ik} bezeichnet werden, wo i der Zeilen- und k der Spaltenzeiger sei. Es sei dann $b_{ik} = 0$, wenn D_i und Γ_k nicht inzidieren. Falls in D_i vier verschiedene Gebiete zusammenstoßen, sei $b_{ik} = +1$ oder -1, je nachdem Γ_k rechts oder links vom überkreuzenden Bogen $s_{\lambda(i)}$ liegt. Sind die in D_i zusammenstoßenden Gebiete nicht sämtlich voneinander verschieden, so heißt das: in D_i stößt ein Gebiet Γ_k an sich selbst an, während die beiden anderen mit D_i inzidierenden Gebiete Γ_{k_1} und Γ_{k_2} verschieden sind. Es sei dann $b_{ik} = 0$ und $b_{ik_l} = +1$ oder -1, je nachdem Γ_{k_l} $(l = 1, 2)$ rechts oder links vom überkreuzenden Bogen liegt.

Eine ähnliche Matrix b'_{ik} erhält man, wenn man in der obigen Vorschrift den überkreuzenden Bogen durch das Paar der überkreuzten Bögen $s_i s_{i+1}$ ersetzt.

Ferner kann man den Gebieten und Doppelpunkten gewisse Matrizen $(b_{\alpha\beta}^h)$ zuordnen, die ähnlich wie die Matrizen $(c_{\alpha\beta}^h)$ in **2**, 2 gebaut sind (5).

Schließlich wollen wir die schwarzen Gebiete noch zur Definition einer Matrix verwenden.

Einem Doppelpunkt, der Randpunkt von den schwarzen Gebieten Γ_i und Γ_k $(i \neq k)$ ist, ordnen wir eine *Inzidenzzahl*

(1) $$\eta = \pm 1, \, 0$$

zu, und zwar setzen wir $\eta = +1$, wenn nach Orientierung der Projektionsebene der überkreuzende Bogen im positiven Sinne über ein schwarzes Gebiet in den unterkreuzenden zu drehen ist (Fig. 20). Kann diese Drehung im positiven Sinne nur über ein weißes Gebiet ausgeführt werden, so setzen wir $\eta = -1$. Stößt in einem Doppelpunkt ein schwarzes Gebiet an sich an, so soll der Punkt die Inzidenzzahl 0

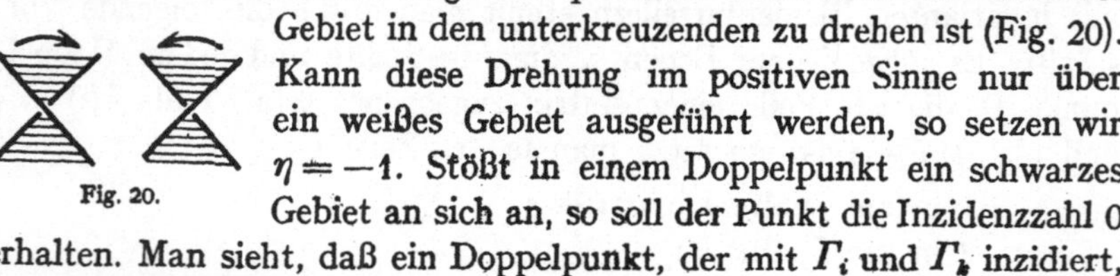
Fig. 20.

erhalten. Man sieht, daß ein Doppelpunkt, der mit Γ_i und Γ_k inzidiert, für beide Gebiete die gleiche Inzidenzzahl erhält. Jedem Doppelpunkt der Knotenprojektion ist also eindeutig eine der Zahlen $+1, -1, 0$ zugeordnet.

Es mögen nun Γ_i $(i = 1, 2, \ldots, m)$ die im Endlichen liegenden schwarzen Gebiete und Γ_0 das unendliche Gebiet sein. Es werde dann folgende quadratische Matrixe (a_{ik}) von m Zeilen und Kolonnen gebildet *(10)*:

a_{ii} *möge die Summe aller Inzidenzzahlen der Doppelpunkte des Gebietes* Γ_i *und* a_{ik} *für* $(i \neq k)$ $(i, k = 1, 2, \ldots, m)$ *die negative Summe der Inzidenzzahlen der Doppelpunkte, die gleichzeitig zu* Γ_i *und* Γ_k *gehören, sein.* Aus dieser Erklärung folgt sofort, daß

$$a_{ik} = a_{ki}$$

und

$$a_{ii} = a_{i0} - \sum_{k \neq i} a_{ik}$$

ist, wobei a_{i0} die Summe der Inzidenzzahlen ist, die gleichzeitig zu Γ_i und dem unendlich großen Gebiet Γ_0 gehören.

Die Matrix (a'_{kl}) aus den Elementen

$$a'_{kl} = \sum_i b_{ik} b'_{il} \qquad (k, l = 1, 2, \ldots, n + 1)$$

steht in einer einfachen Beziehung zur Matrix (a_{ik}). Durch Streichung der den weißen Gebieten entsprechenden Zeilen und Kolonnen erhält man nämlich aus der Matrix (a'_{ik}) die Matrix (a_{ik}); a'_{ik} ist gleich Null, wenn Γ_i und Γ_k verschieden gefärbt sind.

Die von 1 verschiedenen Elementarteiler der Matrizen (b_{ik}), (b'_{ik}) und (a_{ik}) sind gleich den Torsionszahlen zweiter Stufe. Die Matrizen können aber auch unabhängig von ihren Elementarteilern Interesse beanspruchen (vgl. **2, 7**).

§ 4. Die Determinante des Knotens.

Unter den im vorigen Abschnitt erklärten Matrizen verdient die Matrix (a_{ik}) besondere Beachtung. Wir zeigen zuerst, daß die Determinante der Matrix (a_{ik}), die *„Determinante des Knotens"*, *immer ungerade* und damit von Null verschieden ist.

Macht man nämlich in einem zu Γ_i und Γ_k $(i \neq k)$ gehörigen Doppelpunkt den überkreuzenden Streckenzug zum unterkreuzenden, so geht für $k = 0$ a_{ii} in $a_{ii} \pm 2$ und für $k \neq 0$ a_{ik}, a_{ki} in $a_{ik} \pm 2$ über, d. h. die Determinante der neuen Knotenmatrix ist gerade oder ungerade, je nachdem es die ursprüngliche ist. Durch geeignete derartige Abänderungen kann man jede Projektion in eine Kreisprojektion verwandeln. Nehmen wir nun als bewiesen hin, daß der absolute Wert der Determinante eine Invariante ist, und berechnen wir ihren Wert für die in Fig. 21 angegebene Kreisprojektion — er ist gleich Eins —, so folgt das Behauptete.

Fig. 21.

Wir wollen jetzt die Determinante in einigen speziellen Fällen genauer beschreiben und berechnen.

Bei alternierenden Knoten inzidieren alle Doppelpunkte mit schwarzen Gebieten gleichartig, denn die im Rande eines schwarzen Gebietes benachbarten Doppelpunkte besitzen die gleiche Inzidenzzahl. Die Inzidenzzahlen der Punkte können z. B. alle $= +1$ oder 0 genommen werden. Der Betrag der Determinante des Knotens kann hier demnach in der folgenden Form geschrieben werden:

$$A = \begin{vmatrix} \sum\limits_{\nu=1}^{m} d_{1\nu} & -d_{12} & \cdots & -d_{1m} \\ -d_{21} & \sum\limits_{\nu=1}^{m} d_{2\nu} & \cdots & -d_{2m} \\ \cdots\cdots\cdots\cdots\cdots\cdots\cdots \\ -d_{m1} & -d_{m2} & \cdots & \sum\limits_{\nu=1}^{n} d_{m\nu} \end{vmatrix}$$

Darin bedeutet d_{ii} die Anzahl der Doppelpunkte, in denen Γ_i und Γ_0 zusammenstoßen, und d_{ik} $(i \neq k)$ die Anzahl der Doppelpunkte, in denen Γ_i und Γ_k zusammenstoßen $(i = 1, 2, \ldots, m,\ k = 1, 2, \ldots, m)$. Die d_{ik} sind also sämtlich größer oder gleich Null.

Für normale Knoten ist $|d_{ii}|$ die Anzahl der Doppelpunkte, die mit Γ_i und Γ_0 inzidieren, und das Vorzeichen von d_{ii} gleich dem Vorzeichen der Inzidenzzahlen dieser Doppelpunkte; $|d_{ik}|$ ist die Anzahl der mit Γ_i und Γ_k inzidierenden Doppelpunkte, und das Vorzeichen von d_{ik} stimmt mit dem Vorzeichen der Inzidenzzahlen dieser Doppelpunkte überein.

Für die alternierenden Torusknoten (Fig. 7) mit n Überkreuzungen ist die Determinante (bis auf das Vorzeichen) gleich n.

Für die in Fig. 8 dargestellten Brezelknoten mit a_1, a_2, a_3 Überkreuzungen auf dem ersten, zweiten und dritten Zweierzopfteil ist die Determinante gleich

$$\begin{vmatrix} a_1 + a_2, & -a_2 \\ -a_2, & a_2 + a_3 \end{vmatrix} = a_1 a_2 + a_1 a_3 + a_2 a_3 .$$

§ 5. Die Invarianz der Torsionszahlen.

Wir zeigen nun, daß die von 1 verschiedenen Elementarteiler der Matrizen $(c_{\alpha\beta}^h)$ Knoteninvarianten sind, indem wir die Abänderungen der Matrizen bei den drei wesentlichen Operationen $\Omega. 1, 2, 3$ untersuchen. Später werden sich andere Wege zeigen, diesen Nachweis zu führen, Wege, die vielleicht naturgemäßer, jedenfalls aber weniger elementar sind, weil sie den Gruppenbegriff oder den Begriff der Überlagerung und der Homologie voraussetzen (vgl. **8**, 9 u. 10).

($\Omega. 1$.) In einen doppelpunktfreien Bogen, den wir bei geeigneter Numerierung s_n nennen können, legt sich eine Schleife. Von den verschiedenen Möglichkeiten der Normierung und Orientierung genügt es, hier und ebenso bei den anderen beiden Abänderungen Ω., eine zu erledigen, da dann klar ist, wie die Überlegung in den anderen Fällen zu geschehen hat.

Der Doppelpunkt der Schleife heiße D_{n+1} und der neue Bogen s_{n+1}. Es überkreuze s_n in D_{n+1} so, daß etwa $\varepsilon_{n+1} = +1$ ist. Die neue Matrix hat h zu D_{n+1} gehörige Zeilen und h zu s_{n+1} gehörige Spalten mehr als die ursprüngliche. Die zu den anderen Doppelpunkten gehörigen Zeilen sind bis auf die zu s_n gehörigen Spalten unverändert, und diese Spalten sind höchstens so verändert, daß ihre zu einem Punkt D_i gehörigen Elemente an die entsprechende Stelle der gleichen Zeile der zu s_{n+1} gehörigen Spalten gerückt sind. Addiert man also die Spalten der Nummer $(n + 1, k)$ zu denen der Nummer (n, k), so erhält man eine Matrix, die mit der ursprünglichen bis auf die Spalten $(n + 1, k)$ und die Zeilen $(n + 1, k)$ $(k = 0, 1, \ldots, h - 1)$ übereinstimmt. In der Zeile $(n + 1, k)$ tritt nun in der Spalte $(n + 1, k - 1)$ eine -1 auf, so daß man alle in anderen Zeilen dieser Spalten stehende Elemente durch sukzessives Addieren oder Subtrahieren dieser Zeilen zu Null machen kann. Die so abgeänderte Matrix hat aber ersichtlich die gleichen von 1 verschiedenen Elementarteiler wie die ursprüngliche Matrix.

(Ω. 2.) Als zweite Möglichkeit ist der Fall zu erledigen, daß sich zwei verschiedene Bögen übereinander schieben und dadurch zwei neue Doppelpunkte entstehen.

Der überkreuzende Streckenzug sei mit s_l numeriert und die neuen Doppelpunkte mit D_{n+1} und D_{n+2} bezeichnet und analog die neuen Strecken mit s_{n+1}, s_{n+2} in der Reihenfolge dès Durchlaufungssinnes des Knotens. Sei etwa $\varepsilon_{n+1} = -1$, dann ist $\varepsilon_{n+2} = +1$. Die neuen zu D_{n+1} und D_{n+2} gehörigen Zeilen $(n + 1, k)$, $(n + 2, k)$ haben folgende Eigenschaft: In den Spalten $(n + 1, k)$ sind außer den Elementen der Zeilen $(n + 1, k)$, $(n + 2, k)$ alle Elemente Null, da s_{n+1} als Streckenzug nur in den beiden neuen Doppelpunkten vorkommt. Die ursprünglichen zu s_n gehörigen Elemente außerhalb der neuen $2h$ Zeilen erhält man in der abgeänderten Matrix, wenn man die Spalten $(n + 2, k)$ zu den Spalten (n, k) addiert.

Um einzusehen, daß die von Eins verschiedenen Elementarteiler der beiden Matrizen übereinstimmen, addiere man die Spalten $(n + 1, k)$ zu den Spalten (l, k), und dann subtrahiere man die Spalten $(n + 1, k)$ von den Spalten $(l, k - 1)$. Dadurch sind die Elemente der Zeilen $(n + 1, k)$ und $(n + 2, k)$ in den Spalten (l, k) zu Null gemacht. Durch Addition der Zeilen $(n + 1, k + 1)$ zu den Zeilen $(n + 2, k)$ erreicht man, daß die Elemente der Spalten $(n + 1, k)$ in allen Zeilen zu Null werden bis auf ein Element gleich -1 in den Zeilen $(n + 1, k)$ und Spalten $(n + 1, k - 1)$. Durch Addition der Spalten kann man alle weiteren Elemente der Zeilen $(n + 1, k)$ wegschaffen. Addiert man dann die Spalten $(n + 2, k)$ zu den Spalten (n, k), so stehen in den Zeilen

$(n + 2, k)$ nur Nullen bis auf ein Element gleich -1 je in der Spalte $(n + 2, k)$ und Zeile $(n + 2, k + 1)$.

Durch Addition und Subtraktion der Zeilen $(n + 2, k)$ kann man dann, ohne die anderen Spalten zu ändern, alle Elemente in den Spalten $(n + 2, k)$ bis auf die in den Zeilen $(n + 2, k)$ zu Null machen. Die neue Matrix stimmt ersichtlich mit der ursprünglichen in den von Eins verschiedenen Elementarteilern überein.

($\Omega.$ 3.) Schließlich bleibt noch die Operation $\Omega.$ 3. zu behandeln, für die wir den durch Fig. 22 definierten Fall herausgreifen.

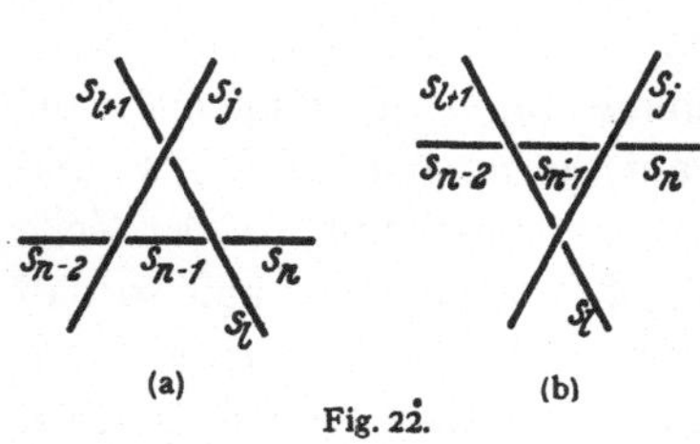

Fig. 22.

Von der zu Fig. 22 (a) gehörigen Matrix kommt man zu der zu Fig. 22 (b) gehörigen Matrix, indem man zuerst die Zeilen $(l, k - 1)$ zu den Zeilen $(n - 2, k)$ addiert und von den Zeilen $(n - 1, k)$ subtrahiert, dann die Spalten $(n - 1, k)$ zu den Spalten (l, k) addiert und von den Spalten $(l + 1, k)$ subtrahiert. In den Fällen, wo s_{n-2}, s_n, s_l, s_{l+1}, s_j nicht alle verschieden sind, vereinfacht sich die Betrachtung naturgemäß. Damit sind die Elementarteiler dieser Matrizen als Knoteninvarianten erkannt.

§ 6. Torsionszahlen spezieller Knoten.

Für spiegelbildliche und verschieden gerichtete Knoten sind die Torsionszahlen identisch. Man kann dies direkt zeigen; es folgt aber auch aus der gruppentheoretischen Bedeutung der Torsionszahlen (3, 7) und dem Verhalten der Gruppe bei spiegelbildlichen und verschieden gerichteten Knoten (3, 5).

Bei alternierenden Torusknoten mit n Überkreuzungen besitzt die Matrix $(c_{\alpha\beta}^2)$ nur einen von Eins verschiedenen Elementarteiler, und dieser ist gleich n. Unter den Brezelknoten gibt es solche, die keine Torsionszahlen zweiter Stufe besitzen (vgl. 2, 11).

Mit Hilfe der Elementarteiler der obigen Matrizen für $h = 2$ und 3 gelingt es bereits, alle Knoten von acht und weniger Überkreuzungen der am Schluß angefügten Tabelle zu klassifizieren. Unter den Knoten mit neun Überkreuzungen treten hingegen Knoten auf, die gleiche Torsionszahlen zweiter und dritter Stufe haben und mit anderen Mitteln als verschieden erkannt werden können (vgl. 3, 15), nämlich 7_1 und 9_2, 8_{14}, und 9_8, 9_{28} und 9_{29}. Diese Knoten stimmen sogar in sämtlichen Torsionszahlen überein; für sie sind nämlich die in 2, 14 erklärten L-Polynommatrizen L-äquivalent (2, 15 u. 3, 14), und aus dieser Äquivalenzklasse lassen sich nach 3, 7 die Torsionszahlen bestimmen. Die

Torsionszahlen zweiter und dritter Stufe haben für die Knoten der Tabelle am Schluß die folgenden Werte[1].

Typ	$h=2$	$h=3$	Typ	$h=2$	$h=3$	Typ	$h=2$	$h=3$
3_{1a}	3	2,2	8_{15a}	33	16,16	9_{22a}	43	14,14
4_{1a}	5	4,4	8_{16a}	35	11,11	9_{23a}	45	22,22
5_{1a}	5	—	8_{17a}	37	13,13	9_{24a}	45	16,16
5_{2a}	7	5,5	8_{18a}	3,15	2,2,8,8	9_{25a}	47	26,26
6_{1a}	9	7,7	8_{19n}	3	4,4	9_{26a}	47	17,17
6_{2a}	11	5,5	8_{20n}	9	4,4	9_{27a}	49	19,19
6_{3a}	13	7,7	8_{21n}	15	8,8	$°9_{28a}$	51	20,20
7_{1a}	7	—	9_{1a}	9	—	$°9_{29a}$	51	20,20
7_{2a}	11	8,8	$*9_{2a}$	15	11,11	9_{30a}	53	22,22
7_{3a}	13	4,4	9_{3a}	19	—	9_{31a}	55	23,23
$*7_{4a}$	15	11,11	9_{4a}	21	7,7	9_{32a}	59	23,23
7_{5a}	17	7,7	9_{5a}	23	17,17	9_{33a}	61	25,25
7_{6a}	19	11,11	9_{6a}	27	4,4	9_{34a}	69	31,31
7_{7a}	21	13,13	9_{7a}	29	13,13	9_{35a}	3,9	20,20
8_{1a}	13	10,10	$×9_{8a}$	31	17,17	9_{36a}	37	10,10
8_{2a}	17	—	9_{9a}	31	5,5	9_{37a}	3,15	28,28
8_{3a}	17	13,13	9_{10a}	33	13,13	9_{38a}	57	28,28
8_{4a}	19	8,8	9_{11a}	33	7,7	9_{39a}	55	32,32
8_{5a}	21	4,4	9_{12a}	35	20,20	9_{40a}	5,15	4,4,8,8
8_{6a}	23	11,11	9_{13a}	37	16,16	9_{41a}	7,7	28,28
8_{7a}	23	5,5	9_{14a}	37	22,22	9_{42n}	7	2,2
8_{8a}	25	13,13	9_{15a}	39	23,23	9_{43n}	13	2,2
8_{9a}	25	7,7	9_{16a}	39	8,8	9_{44n}	17	10,10
8_{10a}	27	8,8	9_{17a}	39	11,11	9_{45n}	23	14,14
8_{11a}	27	14,14	9_{18a}	41	19,19	9_{46n}	3,3	7,7
8_{12a}	29	19,19	9_{19a}	41	25,25	9_{47n}	3,9	5,5
8_{13a}	29	16,16	9_{20a}	41	13,13	9_{48n}	3,9	17,17
$×8_{14a}$	31	17,17	9_{21a}	43	26,26	9_{49n}	5,5	10,10

§ 7. Die quadratische Form eines Knotens.

Wir haben gesehen, daß die durch die Knotendeformationen bewirkten Abänderungen der Matrizen $(c_{\alpha\beta}^h)$ die von 1 verschiedenen Elementarteiler unverändert lassen; damit ist aber umgekehrt keineswegs gesagt, daß diese Elementarteiler die einzigen Eigenschaften dieser Matrizen sind, die bei Knotendeformationen erhalten bleiben. Allerdings scheinen die weitergehenden Invarianten schwerer faßbar zu sein, jedenfalls ist das Verhalten der verschiedenen in 2, 2 und 2, 3 angegebenen Matrizen ganz abweichend voneinander. Ein Resultat liegt nur bezüglich der Matrizen (b_{ik}), (b'_{ik}) und (a_{ik}) vor. Wir geben nur das letztere wieder.

Um die Änderungen der Matrix (a_{ik}) bei Knotendeformationen zu untersuchen, zerlegen wir die drei Operationen Ω. 1, 2, 3 in zwei Klassen

---

[1] Die Tabelle der Torsionszahlen unterscheidet sich von der von ALEXANDER und BRIGGS (5) angegebenen für die Knoten 8_{19} und 9_{36}. Der Index a bedeutet alternierend, n nichtalternierend.

α und β, je nachdem die Zahl der weißen oder der schwarzen Gebiete durch sie geändert wird (*19*).

(Ω. 1α.) In einen doppelpunktfreien Bogen legt sich eine Schleife, die ein neues weißes Gebiet schafft. Dann stößt in dem neuen Doppelpunkt ein schwarzes Gebiet an sich an, so daß die Matrix sich bei dieser und der inversen Operation nicht ändert.

(Ω. 2α.) Zwei Bögen schieben sich übereinander, so daß zwei neue weiße Gebiete entstehen. Von den neuen Doppelpunkten erhält der eine die Inzidenzzahl $+1$ und der andere -1, so daß die Matrix sich auch bei dieser und ihrer inversen Operation nicht ändert.

(Ω. 1β.) Die neue Schleife der Projektion umschließe ein schwarzes Gebiet Γ_{m+1}. Die neue Matrix (a'_{ik}) besitzt eine Zeile und Spalte mehr als (a_{ik}). Falls Γ_{m+1} in dem neuen Doppelpunkt dem Gebiete Γ_0 gegenüber liegt, wird

$$a'_{m+1\,m+1} = \pm 1,$$

je nachdem der Doppelpunkt $+1$ oder -1 als Inzidenzzahl besitzt, ferner

$$a'_{m+1\,k} = a'_{k\,m+1} = 0 \qquad (k = 1, 2, \ldots, m)$$

und sonst

$$a'_{ik} = a_{ik}.$$

Falls Γ_{m+1} in dem neuen Doppelpunkte einem Gebiet Γ_k ($k \neq 0$) gegenüberliegt, so können wir ohne Einschränkung $\Gamma_k = \Gamma_m$ annehmen. Für die dazugehörige Matrix $(a''_{\lambda k})$ gilt:

$$a''_{m+1\,m+1} = \pm 1$$

unter gleichen Bedingungen wie bei $a'_{m+1\,m+1}$ und

$$a''_{mm} = a_{mm} \pm 1, \quad a''_{m+1\,m} = a''_{m\,m+1} = \mp 1$$

$$a''_{m+1\,k} = a''_{k\,m+1} = 0 \qquad (k = 1, 2, \ldots, m-1)$$

und sonst

$$a''_{ik} = a_{ik}.$$

Der Charakter dieser Abänderungen wird übersichtlicher, wenn wir die der Matrix (a_{ik}) jeweils zugeordnete quadratische Form

$$f(x_1, x_2, \ldots, x_m) = \sum_{i,k} a_{ik}\, x_i\, x_k$$

bilden. Man erkennt, daß die der Matrix (a''_{ik}) zugeordnete quadratische Form f''

$$f'' = f''(x'_1, x'_2, \ldots, x'_{m+1})$$

in die (a'_{ik}) zugeordnete quadratische Form f'

$$f' = f'(x_1, x_2, \ldots, x_{m+1})$$

durch die unimodulare Substitution

$$x'_i = x_i, \qquad\qquad (i = 1, 2, \ldots, m)$$

$$x'_{m+1} = x_m + x_{m+1}$$

übergeführt wird, und daß

$$f'(x_1, x_2, \ldots, x_{m+1}) = f(x_1, x_2, \ldots, x_m) \pm x_{m+1}^2$$

ist.

($\Omega. 2\beta.$) Durch Übereinanderschieben zweier Bögen mögen zwei neue schwarze Gebiete entstehen. Falls das zerteilte Gebiet nicht Γ_0 ist, können wir es durch Zeilen und Spaltenvertauschung zu Γ_m machen. Es werde also Γ_m in Γ'_m, Γ'_{m+1} und Γ'_{m+2} zerlegt, wobei Γ'_{m+2} das Gebiet sei, das die beiden neuen Doppelpunkte zu Randpunkten hat. Die neue Knotenmatrix (a'_{ik}) ist mit (a_{ik}) durch die folgenden Gleichungen verknüpft:

$$a'_{ik} = a_{ik}, \qquad\qquad (k, i = 1, 2, \ldots, m-1)$$
$$a_{mk} = a'_{mk} + a'_{m+1\,k}, \qquad\qquad (k = 1, 2, \ldots, m-1)$$
$$a_{mm} = a'_{mm} + a'_{m+1\,m+1} + 2a'_{m+1\,m},$$
$$a'_{m+2\,k} = a'_{k\,m+2} = 0. \qquad (k = 1, 2, \ldots, m-1; m+2)$$

Ohne Einschränkung kann man durch Wahl des positiven Drehsinns

$$a'_{m+2,\,m} = 1, \qquad a'_{m+2\,m+1} = -1$$

erreichen.

Ist die (a'_{ik}) zugeordnete quadratische Form

$$f' = f'(x'_1, x'_2, \ldots, x'_{m+2})$$

und setzen wir zur Abkürzung

$$f(x_1, x_2, \ldots, x_{m+2}) = f(x_1, x_2, \ldots, x_m) + g(x_{m+1}, x_{m+2}),$$

wo

$$g(x_{m+1}, x_{m+2}) = (a'_{m+1\,m+1}\,a'_{m+1\,m+1} + 2a'_{m+1\,m})\,x_{m+1}^2 - 2x_{m+1}\,x_{m+2}$$

ist, so geht f' durch die Substitution

$$x'_i = x_i, \qquad\qquad (i = 1, 2, \ldots, m)$$
$$x'_{m+1} = x_m + x_{m+1},$$
$$x'_{m+2} = a'_{m+1\,1}\,x_1 + a'_{m+1\,2}\,x_2 + \cdots + a_{m+1\,m-1}\,x_{m-1}$$
$$+ (a'_{m+1\,m} + a'_{m+1\,m+1})\,x_m - a'_{m+1\,m}\,x_{m+1} + x_{m+2}$$

in $f(x_1, x_2, \ldots, x_{m+2})$ über.

Wird hingegen bei $\Omega. 2\beta.$ das Gebiet Γ_0 zerteilt, so steht die Knotenmatrix (a''_{ik}) in dem folgenden Zusammenhang mit der Matrix (a_{ik}): es ist

$$a''_{ik} = a_{ik}, \qquad (i, k = 1, 2, \ldots, m-1)$$
$$a''_{m+2\,k} = 0, \qquad (k = 1, 2, \ldots, m+2)$$
$$a''_{m+2\,m+1} = \pm 1.$$

Die Werte der übrigen $a''_{m+1\,k}$ spielen keine Rolle; man sieht leicht, daß auch die $(a''_{\lambda k})$ zugeordnete Form der Form $f + g$ äquivalent ist.

($\Omega. 3.$) Es bleibt schließlich noch $\Omega. 3$ zu behandeln. Dabei geht ein schwarzes Gebiet in ein weißes oder umgekehrt über (Fig. 23). Es sei

zunächst keines der an das Dreieck grenzenden Gebiete das Gebiet Γ_0.
Das Dreiecksinnere sei weiß, die angrenzenden schwarzen Gebiete
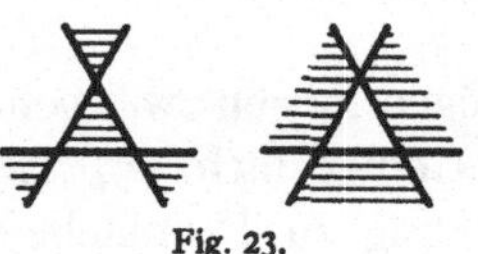
numerieren wir mit Γ_{m-2}, Γ_{m-1}, Γ_m, und die
Knotenmatrix nennen wir wieder (a_{ik}). Bei der
Deformation entstehe das Gebiet Γ_{m+1}, und die
neue Matrix sei (a'_{ik}). Dann ist

Fig. 23.

$$a'_{ik} = a_{ik} \qquad (i = 1, 2, \ldots, m-3;\ k = 1, 2, \ldots, m)$$

und ferner

$$a'_{m+1\,k} = 0, \qquad\qquad (k = 1, 2, \ldots, m-3)$$
$$a'_{m+1\,m-2} = a'_{m+1\,m-1} = \mp 1,$$
$$a'_{m+1\,m} = \pm 1,$$
$$\left.\begin{aligned}
a'_{m-2\,k} &= a_{m-2\,k} + a'_{m+1\,k}, \\
a'_{m-1\,k} &= a_{m-1\,k} + a'_{m+1\,k}, \\
a'_{m\,k} &= a_{m\,k} \quad - a'_{m+1\,k}.
\end{aligned}\right\} \qquad (k \neq m+1)$$

Die (a'_{ik}) zugeordnete quadratische Form $f' = f'(x'_1, x'_2, \ldots, x'_{m+1})$
geht demnach durch die unimodulare Substitution

$$x'_i = x_i,$$
$$x'_{m+1} = \pm x_{m-2} \pm x_{m-1} \mp x_m \pm x_{m+1}$$

in die Form

$$f(x_1, x_2, \ldots, x_m) \pm x^2_{m+1}$$

über, wo f die der Matrix (a_{ik}) zugeordnete Form ist.

Für den Fall, daß eines der Gebiete Γ_k, die das Dreieck begrenzen,
Γ_0 ist, genügt die Bemerkung, daß bei Deformation nur die $(m-1)$-te
und die m-te Zeile geändert werden. Die zugeordnete Form ist gleichfalls
der Form $f \pm x^2_{m+1}$ äquivalent.

§ 8. MINKOWSKIS Einheiten.

Zusammenfassend erhalten wir also:

Ist $f(x_1, x_2, \ldots, x_m)$ die mittels der Matrix (a_{ik}) dem Knoten zu-
geordnete quadratische Form, so lassen sich die durch Knotendeformation
bewirkten Abänderungen von

$$f(x_1, x_2, \ldots, x_m)$$

aus den folgenden drei Typen und deren Inversen zusammensetzen:
Σ. 1. Die Variablen der Form werden unimodular transformiert

$$x_i = \sum \alpha_{ik} x'_k \qquad (\alpha_{ik}\ \text{ganzzahlig mit der Determinante } \pm 1).$$

Σ. 2. Die Form $f(x_1, x_2, \ldots, x_m)$ wird durch

$$f'(x_1, x_2, \ldots, x_{m+1}) = f(x_1, x_2, \ldots, x_m) \pm x^2_{m+1}$$

ersetzt.

Σ. 3. *Die Form* $f(x_1, x_2, \ldots, x_m)$ *wird durch*

$$f'(x_1, x_2, \ldots, x_{m+1}, x_{m+2}) = f(x_1, x_2, \ldots, x_m) + a x_{m+1}^2 - 2 x_{m+1} x_{m+2}$$

ersetzt. Hierin ist a eine beliebige natürliche Zahl.

Weil die Determinante der Matrix (a_{ik}) ungleich Null ist, zerfällt die Form $\sum a_{ik} x_i x_k$ nicht.

Es sei hervorgehoben, daß sich die Invarianzeigenschaft der quadratischen Form nicht aus ihrer Beziehung zu der Gruppe des Knotens ableiten läßt, weil die quadratische Form nach **2, 9** für gewisse spiegelbildliche Knoten verschieden ist, während die Gruppen der Spiegelbilder nach **3, 5** einstufig isomorph sind. Sie ist die einzige bekannte berechenbare Knoteneigenschaft, die nicht aus der Gruppe des Knotens herrührt.

Aus der quadratischen Form lassen sich mittels der Einheiten quadratischer Formen (24) von Minkowski in folgender Weise Knoteninvarianten konstruieren. Wir definieren zunächst die Einheiten quadratischer Formen in der folgenden Weise: Ist p eine ungerade Primzahl und $\sum a_{ik} x_i x_k$ eine quadratische Form mit ganzzahligen Koeffizienten, in deren Determinante p nicht aufgeht, so sei die Einheit C_p der Form gleich $+1$. Ist p eine ungerade Primzahl und $f(x_1, x_2, \ldots, x_m) = \sum a_{ik} x_i x_k$ eine quadratische Form, in welcher alle Koeffizienten mit $i \neq k$ durch p^2 teilbar seien, ist also

$$(1) \quad \begin{cases} f(x_1, x_2, \ldots, x_m) \equiv a_1 x_1^2 + a_2 x_2^2 + \cdots + a_{m-q} x_{m-q}^2 \\ \qquad + p(a_{m-q+1} x_{m-q+1}^2 + \cdots + a_m x_m^2) \pmod{p^2}, \end{cases}$$

und sind alle a_i hierin durch p nicht teilbar, so sei

$$(2) \quad C_p = \left(\frac{(-1)^{\left[\frac{q}{2}\right]} a_{m-q+1} \cdots a_m}{p} \right).$$

Hierin bedeute $\left(\dfrac{a}{p} \right)$

das Legendresche Symbol und $[a]$ die größte ganze Zahl, welche kleiner oder gleich a ist. Ist schließlich $f'(x_1, x_2, \ldots, x_m)$ eine beliebige Form, so transformiere man f' durch Einführung neuer Variablen mittels Substitutionen aus rationalen Koeffizienten in die Normalgestalt (1) und setze C_p gleich der Einheit (2) von (1). Minkowski zeigt, daß sich erstens jede Form in eine Normalgestalt überführen läßt und daß zweitens die Definition widerspruchsfrei ist. Daraus ergibt sich dann zugleich, daß zwei quadratische Formen mit ganzzahligen Koeffizienten, die durch Variablentransformation mit rationalem Koeffizienten ineinander übergehen, dieselben Einheiten C_p besitzen. Die Berechnung der Einheiten ist auf Grund der hier gegebenen Definition nicht schwierig.

Wir benötigen schließlich noch folgende Eigenschaft der C_p. Die quadratische Form h

$$h = h(x_1, x_2, \ldots, x_k, x_{k+1}, \ldots, x_m)$$

möge sich in eine Summe von zwei quadratischen Formen mit verschiedenen Variablen

$$h = h_1(x_1, x_2, \ldots, x_k) + h_2(x_{k+1}, \ldots, x_m)$$

zerlegen lassen. Es bedeute p^{d_1} die höchste in der Determinante der Form h_1 und p^{d_2} die höchste in der Determinante der Form h_2 aufgehende Potenz einer ungeraden Primzahl p. C_{1p} und C_{2p} seien die zu den Formen h_1 bzw. h_2 gehörigen Einheiten, dann findet man nach MINKOWSKI (24) die zu h gehörige Einheit C_p

$$C_p = (-1)^{\frac{p^{d_1}-1}{2} \cdot \frac{p^{d_2}-1}{2}} \cdot C_{1p} C_{2p}.$$

Aus den Ergebnissen des vorigen Abschnitts folgt, daß diejenigen Eigenschaften von quadratischen Formen, die den obigen Formen f'', f' und f gleichzeitig zukommen und bei unimodularen Substitutionen der Variablen erhalten bleiben, invariant mit dem Knoten verknüpft sind. Hieraus folgt sofort, daß die Einheiten der Formen f' und f'' gleich den Einheiten der Form f sind, da die Zusatzformen $\pm x_{m+1}^2$ und $a x_{m+1}^2 - 2 x_{m+1} x_{m+2}$ die Determinante ± 1 besitzen, für sie also stets $C_p = 1$ und $d = 0$ ist. Wir erhalten also:

In der zu einer Knotenmatrix (a_{ik}) gehörigen quadratischen Form sind die MINKOWSKIschen Einheiten C_p für ungerade Primzahlen p Knoteninvarianten.

MINKOWSKI definiert auch Einheiten bezüglich der Primzahl 2. Dieselben sind jedoch nicht invariant, da sie von der bei Knotendeformationen sich ändernden Variablenzahl abhängen.

§ 9. MINKOWSKIS Einheiten für spezielle Knoten.

Die gewonnenen Knoteninvarianten wollen wir für einige Knoten auswerten.

Es seien in der orientierten Ebene die Projektionen der beiden spiegelbildlichen Kleeblattschlingen vorgelegt (Fig. 2). Die zugehörigen Formen sind

$$f = 3x^2 \quad \text{und} \quad f' = -3x^2,$$

die beide für $p = 3$ Normalformen sind. Es ist

$$C_3 = \left(\frac{1}{3}\right) = 1 \quad \text{und} \quad C_3' = \left(\frac{-1}{3}\right) = -1.$$

Das ist ein einfacher Beweis für die topologische Verschiedenheit der beiden Kleeblattschlingen. Allgemein gilt:

Ein Knoten ist zu seinem Spiegelbild nicht isotop, wenn in der Determinante der Knotenmatrix eine Primzahl von der Form $4l + 3$ in ungerader höchster Potenz aufgeht.

Ist die quadratische Form h eine zur Knotenmatrix gehörige Normalform einer solchen Primzahl, so ist $-h$ eine zum Spiegelbild gehörige Normalform. Die Zahl q in **2, 8** (1) ist für eine in ungerader Maximalpotenz in der Determinante aufgehende Primzahl ungerade, und es ist daher die zum Spiegelbild gehörige Einheit C'_p

$$C'_p = \left(\frac{-1}{p}\right) C_p,$$

d. h.

$$C'_p = -C_p,$$

wenn p von der Form $4l + 3$ ist.

Die gefundene notwendige Eigenschaft amphicheiraler Knoten, daß keine Primzahl von der Form $4l + 3$ in ungerader Maximalpotenz in der Determinante des Knotens aufgehen darf, ist nicht hinreichend; denn nach **3, 12** sind alle Torusknoten nicht amphicheiral.

Im folgenden sind die C_p für die Knoten der am Schluß angefügten Tabelle zusammengestellt. $C_p = \pm 1$ bedeutet, daß ein Knoten und sein Spiegelbild entgegengesetzt gleiche C_p liefern. Die Knoten 7_4 und 9_2 mit denselben Torsionszahlen zweiter und dritter Stufe lassen sich mittels der C_p als nicht isotop erkennen.

Typ	C_p	Typ	C_p	Typ	C_p
3_{1a}	$C_3 = \pm 1$	8_{15a}	$C_3 = \pm 1; C_{11} = \pm 1$	9_{22a}	$C_{43} = \pm 1$
4_{1a}	$C_5 = -1$	8_{16a}	$C_5 = -1; C_7 = \pm 1$	9_{23a}	$C_3 = +1; C_5 = +1$
5_{1a}	$C_5 = +1$	8_{17a}	$C_{37} = -1$	9_{24a}	$C_3 = +1; C_5 = -1$
5_{2a}	$C_7 = \pm 1$	8_{18a}	$C_3 = -1; C_5 = +1$	9_{25a}	$C_{47} = \pm 1$
6_{1a}	$C_3 = +1$	8_{19n}	$C_3 = \pm 1$	9_{26a}	$C_{47} = \pm 1$
6_{2a}	$C_{11} = \pm 1$	8_{20n}	$C_3 = +1$	9_{27a}	$C_7 = +1$
6_{3a}	$C_{13} = -1$	8_{21n}	$C_3 = \pm 1; C_5 = +1$	9_{28a}	$C_3 = \pm 1; C_{17} = -1$
7_{1a}	$C_7 = \pm 1$	9_{1a}	$C_3 = +1$	9_{29a}	$C_3 = \pm 1; C_{17} = -1$
7_{2a}	$C_{11} = \pm 1$	9_{2a}	$C_3 = \pm 1; C_5 = +1$	9_{30a}	$C_{53} = -1$
7_{3a}	$C_{13} = +1$	9_{3a}	$C_{19} = \pm 1$	9_{31a}	$C_5 = +1; C_{11} = \pm 1$
7_{4a}	$C_3 = \pm 1; C_5 = -1$	9_{4a}	$C_3 = \pm 1; C_7 = \mp 1$	9_{32a}	$C_{59} = \pm 1$
7_{5a}	$C_{17} = -1$	9_{5a}	$C_{23} = \pm 1$	9_{33a}	$C_{61} = +1$
7_{6a}	$C_{19} = \pm 1$	9_{6a}	$C_3 = \pm 1$	9_{34a}	$C_3 = \pm 1; C_{23} = \pm 1$
7_{7a}	$C_3 = \pm 1; C_7 = \pm 1$	9_{7a}	$C_{29} = +1$	9_{35a}	$C_3 = \pm 1$
8_{1a}	$C_{13} = -1$	9_{8a}	$C_{31} = \pm 1$	9_{36a}	$C_{37} = +1$
8_{2a}	$C_{17} = -1$	9_{9a}	$C_{31} = \pm 1$	9_{37a}	$C_3 = +1; C_5 = -1$
8_{3a}	$C_{17} = +1$	9_{10a}	$C_3 = \pm 1; C_{11} = +1$	9_{38a}	$C_3 = \pm 1; C_{19} = \pm 1$
8_{4a}	$C_{19} = \pm 1$	9_{11a}	$C_3 = \pm 1; C_{11} = \pm 1$	9_{39a}	$C_5 = -1; C_{11} = \pm 1$
8_{5a}	$C_3 = \pm 1; C_7 = \mp 1$	9_{12a}	$C_5 = +1; C_7 = \pm 1$	9_{40a}	$C_3 = \pm 1; C_5 = -1$
8_{6a}	$C_{23} = \pm 1$	9_{13a}	$C_{37} = +1$	9_{41a}	$C_7 = +1$
8_{7a}	$C_{23} = \pm 1$	9_{14a}	$C_{37} = -1$	9_{42n}	$C_7 = \pm 1$
8_{8a}	$C_5 = +1$	9_{15a}	$C_3 = \pm 1; C_{13} = +1$	9_{43n}	$C_{13} = +1$
8_{9a}	$C_5 = +1$	9_{16a}	$C_3 = \pm 1; C_{13} = -1$	9_{44n}	$C_{17} = +1$
8_{10a}	$C_3 = \pm 1$	9_{17a}	$C_3 = \pm 1; C_{13} = +1$	9_{45n}	$C_{23} = \pm 1$
8_{11a}	$C_3 = \pm 1$	9_{18a}	$C_{41} = -1$	9_{46n}	$C_3 = +1$
8_{12a}	$C_{29} = -1$	9_{19a}	$C_{41} = +1$	9_{47n}	$C_3 = \pm 1$
8_{13a}	$C_{29} = -1$	9_{20a}	$C_{41} = -1$	9_{48n}	$C_3 = \pm 1$
8_{14a}	$C_{31} = \pm 1$	9_{21a}	$C_{43} = \pm 1$	9_{49n}	$C_5 = -1$

§ 10. Eine Determinantenabschätzung.

Die Matrix (a_{ik}) läßt sich zu einer ziemlich weitgehenden Klassifikation der Knoten verwenden. Wir benötigen zu ihrer Durchführung einige Determinantenabschätzungen, die wir zunächst angeben (*10; 20; 25; 31*). Wir betrachten quadratische Matrizen (a_{ik}), die den Bedingungen

$$(1) \qquad a_{ii} \geqq \sum_{k \neq i}^{m} |a_{ik}| \qquad (i = 1, 2, \ldots, m)$$

genügen.

Hauptminoren der Determinante $A = \|a_{ik}\|$ sollen diejenigen Unterdeterminanten von A heißen, die aus A durch Streichen von l Zeilen und Spalten gleicher Nummer entstehen ($l < m$). Sie genügen offenbar auch der Forderung (1). Die Determinante A soll irreduzibel heißen, wenn sie nicht in ein Produkt von Hauptminoren zerfällt.

Sei jetzt A irreduzibel und genüge den Bedingungen (1), dann gilt:

Die Determinante $A = \|a_{ik}\|$ ist dann und nur dann Null, wenn es Einheiten

$$\varepsilon_k = \pm 1 \qquad (k - 1, 2, \ldots, m)$$

gibt, so daß die a_{ik} den Bedingungen

$$(2) \qquad \sum_{k=1}^{m} a_{ik}\,\varepsilon_k = 0 \qquad (i = 1, 2, \ldots, m)$$

genügen. Die Hauptminoren von A mit weniger als m Zeilen sind stets positiv, und ist $A \neq 0$, so ist auch $A > 0$.

Infolgedessen gilt die folgende Abschätzung von A:

Es sei

$$(3) \qquad s_1 = a_{11} - \sum_{k=2}^{m} |a_{1k}|$$

und A_1 die Determinante der zu a_{11} komplementären Matrix, dann ergibt sich für A, wenn man nach der ersten Zeile entwickelt,

$$A = s_1 A_1 + \overline{A},$$

wobei $\overline{A}$ aus A entsteht, indem man a_{11} durch $\sum_{k=1}^{m} |a_{1k}|$ ersetzt. A genügt der Bedingung (1) und ist mit A irreduzibel. Es ist also $\overline{A} \geqq 0$, und zwar ist $\overline{A} > 0$, wenn (2) für A nicht gilt. Demnach ist

$$(4) \qquad A \geqq s_1 A_1,$$

wobei das Gleichheitszeichen dann und nur dann eintritt, wenn für A die Bedingung (2) erfüllt ist.

Die Abschätzung (4) läßt sich auf reduzible Determinanten übertragen. Sei nämlich

$$A = A^{(1)} A^{(2)} \ldots A^{(r)}$$

und $\qquad\qquad\qquad\qquad A^{(i)} \qquad\qquad\qquad\qquad (i = 1, 2, \ldots, r)$

irreduzibel — sie mögen die irreduziblen Bestandteile von A heißen —, dann folgt aus der Abschätzung (4) auf $A^{(1)}$ angewandt

(5) $$A \geqq s_1 A_1 \quad (A_1 \text{ komplementär zu } a_{11}),$$

wobei das Größenzeichen gilt, wenn in der Abschätzung für $A^{(1)}$ das Größenzeichen gilt und wenn für kein $A^{(i)}$ die Bedingung (2) erfüllbar ist.

Diese Determinantenabschätzung wenden wir nun auf Determinanten aus ganzen Zahlen an.

Sei A eine Determinante aus ganzen Zahlen, die der Bedingung (1) genügt, und sei

(6) $$\sum_{i=1}^{m} s_i \geqq 2$$

und für jeden Hauptminor die gleiche Bedingung erfüllt, d. h. es soll für die aus den Elementen einer Zeile nach der Vorschrift (3) gebildeten s_i'

(7) $$\sum s_i' \geqq 2$$

sein, dann ist (*10*)

(8) $$A \geqq \sum_{v=1}^{m} s_v + \sum_{u,v}^{u>v} |a_{uv}|.$$

Zum Beweise ordnet man die Zeilen und Spalten so um, daß $s_1 \neq 0$ und daß ferner für denjenigen Hauptminor A_k, der aus A durch Streichen der k ersten Zeilen und Spalten entsteht, das nach Vorschrift (3) gebildete $s_{1k} \neq 0$ ist. Ist dann A_k eine reduzible Determinante mit $s_{1k} = 1$, so gibt es in dem größten irreduziblen Hauptminor, der die zu s_{1k} gehörige Zeile als erste enthält, ein $s_{ik} \neq 0$ mit $i \neq 1$. Daher ist nach (5)

$$A > A_1 \geqq A_1 + 1 \quad \text{für } s_1 = 1$$

und

$$A \geqq s_1 A_1 \qquad \text{für } s_1 > 1$$

und daher, falls $A_1 > 1$ ist,

$$A \geqq s_1 + A_1.$$

Analog

$$A_1 \geqq s_{11} + A_2 = s_2 + |a_{21}| + A_2,$$

falls $A_2 > 1$, also

$$A \geqq s_1 + s_2 + |a_{21}| + A_2 \text{ usf.}$$

Da wegen (7) $A_{m-1} > 1$ ist, gilt die Abschätzung (8).

§ 11. Klassifizierung der alternierenden Knoten.

Diese gewonnene Abschätzung können wir direkt auf die Determinante eines Knotens anwenden. In der Determinante $\|a_{ik}\| = A$ für alternierende Knoten ist $s_1 = d_{11}$, und s_{1k} ist die Anzahl der Überkreuzungen, die Γ_k mit den Gebieten Γ_i $(i = 1, 2, \ldots, k-1)$ gemeinsam hat.

Liegt nun auf einem geschlossenen Weg $\mathfrak{w}$, der über Doppelpunkte ganz durch weiße Gebiete führt, mit einer Überkreuzung noch mindestens eine zweite, so ist für die d_{ik} die Bedingung 2, 10 (6) und (7) erfüllt, und es ist dann

$$(1) \qquad A \geqq \sum_{i \equiv k} d_{ik},$$

d. h. unter den angegebenen Voraussetzungen ist die Determinante des Knotens größer oder gleich der Anzahl der Überkreuzungen der Knotenprojektion.

Liegt dagegen bei einer alternierenden Projektion auf einem Weg $\mathfrak{w}$ nur ein Doppelpunkt, so kann man ihn durch die in 1, 4 angegebene Abänderung Ω. 4. herausdrillen. Die Projektion bleibt dabei, wie wir sahen, alternierend. Demnach kann man aus einer alternierenden Knotenprojektion durch Ω. 4. so viel Doppelpunkte herausschaffen, daß die Bedingung der Abschätzung (1) erfüllt ist, oder daß man zum Kreis gelangt. Wir erhalten also den Satz von BANKWITZ:

Die Minimalanzahl der Überkreuzungen der regulären Projektionen eines alternierenden Knotens ist höchstens gleich dem Betrag der Determinante des Knotens (10).

Damit ist gezeigt, daß ein alternierender Knoten unter den Knoten dieser Klasse allein durch A bis auf endlich viele Typen charakterisiert ist.

Da für den Kreis der Betrag der Determinante 1 ist, so gilt insbesondere für ihn:

Soll eine vorgegebene alternierende Projektion die Projektion eines Kreises sein, so lassen sich sämtliche Überkreuzungen mit Hilfe von Ω. 4. herausdrillen.

Wir wollen noch zeigen, daß es Knoten gibt, die niemals alternierend gelegt werden können. Wir betrachten einen Brezelknoten, auf dessen erstem Zweierzopfteil drei Doppelpunkte mit positiver Inzidenzzahl, auf dessen zweitem Zweierzopfteil zwei Doppelpunkte mit negativer und auf dessen drittem Zweierzopfteil sieben Doppelpunkte mit positiver Inzidenzzahl liegen mögen. Für ihn ist 2, 4 $A = +1$.

Könnte man den Knoten alternierend legen, so müßten sich in endlich vielen Schritten sämtliche Überkreuzungen herausdrillen lassen, und der Knoten wäre zum Kreis istop. Daß das nicht der Fall ist, lehrt eine andere in 2, 14 angegebene Invariante; das L-Polynom dieses Knotens ist

$$L(x) = 1 - x + x^3 - x^4 + x^5 - x^6 + x^7 - x^9 + x^{10}.$$

§ 12. Fastalternierende Knoten.

Wir nennen eine Projektion fast alternierend, wenn sie den folgenden beiden Bedingungen genügt:

1. Zwei Doppelpunkte, die gleichzeitig mit den beiden schwarzen Gebieten Γ_i und Γ_k inzidieren, besitzen gleiche Inzidenzzahlen.

2. Für die Elemente der Determinante des Knotens gilt die Bedingung **2**, 10 (1).

Um den Namen zu rechtfertigen, untersuchen wir die geometrische Bedeutung der zweiten Bedingung unter Voraussetzung der ersten Bedingung. Unter Benutzung der in **2**, 4 eingeführten d_{ik} besagt **2**, 10 (1)

$$(1) \qquad \left| \sum_{k=1}^{m} d_{ik} \right| \geqq \sum_{k \neq i} |d_{ik}|. \qquad (i = 1, 2, \ldots, m)$$

Diese Ungleichung ist für ein Gebiet, das mit Γ_0 keinen Doppelpunkt gemeinsam hat, dann und nur dann erfüllt, wenn um dieses Gebiet alle Doppelpunkte gleiche Inzidenzzahlen besitzen oder, wie wir auch sagen wollen, wenn die Knotenprojektion um dieses Gebiet herum alternierend liegt. Für ein Gebiet, das mit Γ_0 Doppelpunkte gemeinsam hat, ein „Nachbargebiet" von Γ_0 ist, ist (1) sicher erfüllt, wenn die Projektion um das Gebiet alternierend liegt, und sonst nur dann, wenn die Zahl der Doppelpunkte dieses Gebietes, die eine andere Inzidenzzahl wie die mit Γ_0 inzidierenden Punkte dieses Gebietes haben, höchstens halb so groß ist wie die Anzahl der Doppelpunkte, die auch mit Γ_0 inzidieren.

Für fast alternierende Knoten gilt das folgende Reduktionskriterium: Ist für die Elemente einer Zeile der Knotendeterminante

$$(2) \qquad \left| \sum_{k=1}^{m} d_{ik} \right| = 1,$$

so läßt sich der Knoten so deformieren, daß das dieser Zeile entsprechende Gebiet verschwindet und daß er fast alternierend bleibt.

Ist nämlich (2) für $i = i_0$ erfüllt, so ist wegen (1) höchstens ein $d_{i_0 k}$ $(k \neq i_0)$ von Null verschieden und alsdann gleich ± 1. Es gibt daher nur drei Möglichkeiten für die $d_{i_0 k}$:

1. Es ist $\sum d_{i_0 k} = \pm 1$ und alle $d_{i_0 k}$ $(k \neq i_0)$ sind Null; dann ist $d_{i_0 i_0} = \pm 1$ und Γ_{i_0} hat nur mit Γ_0 einen Doppelpunkt gemeinsam, den man durch Ω'. 1. herausdrillen kann. Die abgeänderte Projektion ist wieder fastalternierend.

2. Es ist $\sum d_{i_0 k} = \pm 1$ und ein $d_{i_0 k_0} = \pm 1$ $(k_0 \neq i_0)$. Dann ist $d_{i_0 i_0} = 0$, und Γ_{i_0} hat also nur mit Γ_{k_0} einen Doppelpunkt D gemeinsam. D kann durch Anwendung von Ω'. 1. herausgedrillt werden. Die neue Projektion ist wieder fastalternierend. Ist Γ_{k_0} kein Nachbargebiet von Γ_0, so bleibt nämlich (1) erfüllt, weil die ursprüngliche und daher auch die neue Knotenprojektion um Γ_{k_0} alternierend liegen. Ist Γ_{k_0} Nachbargebiet von Γ_0, so kann D gleiche oder verschiedene Inzidenzzahl wie die mit Γ_{k_0} und Γ_0 inzidierenden Doppelpunkte haben. Bei gleicher Inzidenzzahl bleibt die Ungleichung (1) erhalten, weil sowohl die Γ_0 und Γ_{k_0} gemeinsamen Doppelpunkte sowie die Doppelpunkte von Γ_{k_0}, welche die entgegengesetzte Inzidenzzahl wie die Γ_0 und Γ_{k_0} gemeinsamen haben, erhalten bleiben. Bei ungleicher

Inzidenzzahl gilt die Ungleichung (1) nach Herausdrillung von D natürlich erst recht.

3. Es ist $\sum d_{i_0 k} = \pm 1$ und ein $d_{i_0 k_0} = \mp 1$ $(k_0 \neq i_0)$. Dann ist $d_{i_0 i_0} = \pm 2$ und Γ_{i_0} Nachbargebiet von Γ_0, und zwar gibt es zwischen Γ_{i_0} und Γ_0 genau zwei Doppelpunkte gleicher Inzidenzzahl; ferner besitzt Γ_{i_0} noch einen Doppelpunkt D mit Γ_{k_0}, der die entgegengesetzte Inzidenzzahl hat.

Den Doppelpunkt D kann man wegschaffen, indem man die zu ihm gehörige Schleife (Fig. 24) um 180° dreht, so daß die mit Γ_0 inzidierenden Doppelpunkte ihre Inzidenzzahl wechseln. Daraus folgt, daß der Knoten

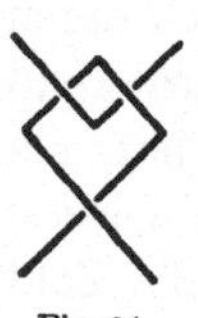
Fig. 24.

fastalternierend bleibt, wenn Γ_{k_0} kein Nachbargebiet von Γ_0 ist. Das gilt aber auch, wenn Γ_{k_0} Nachbargebiet von Γ_0 ist und die mit Γ_{k_0} und Γ_0 inzidierenden Doppelpunkte dieselben Inzidenzzahlen wie D und somit auch wie die neu hinzukommenden Doppelpunkte von Γ_{k_0} und Γ_0 besitzen. Besitzen sie entgegengesetzte Inzidenzzahlen wie D, so entsteht ein Gebiet Γ_{k_0}, das mit Γ_0 vier Doppelpunkte mit paarweise entgegengesetzten Inzidenzzahlen gemeinsam hat. Durch zweimalige Anwendung von $\Omega.\,5.$ kann man aber diese vier Doppelpunkte beseitigen. Die Knotenprojektion wird dann wieder fastalternierend, da das neue Gebiet Γ_{k_0} zwei Doppelpunkte mit Γ_0 und einen Doppelpunkt entgegengesetzter Inzidenzzahl mit einem von Γ_0 verschiedenen Gebiet weniger hat als das alte Gebiet Γ_{k_0}.

Demnach kann man aus einer fastalternierenden Knotenprojektion entweder sämtliche Doppelpunkte herausschaffen, oder man kommt zu einer Projektion mit

$$(3) \qquad \left| \sum_{k=1}^{m} d_{ik} \right| > 1 . \qquad\qquad (i = 1, 2, \ldots, m)$$

§ 13. Fastalternierende Kreisprojektionen.

Aus fastalternierenden Kreisprojektionen lassen sich mittels der drei im vorigen Abschnitt angegebenen Reduktionsprozesse sämtliche Doppelpunkte entfernen[1].

Das ist bewiesen, wenn wir zeigen, daß die Determinante ungleich ± 1 ist, sobald 2, 12 (3) erfüllt ist. Wir zeigen dieses für einen ihrer irreduziblen Bestandteile, $A^{(1)}$; wir behaupten, daß in einer der Ungleichungen 2, 12 (1) für eine Zeile von $A^{(1)}$ bestimmt das Größerzeichen gilt. Wäre nämlich überall das Gleichheitszeichen erfüllt, so addiere man sämtliche zu $A^{(1)}$ gehörigen Spalten der Matrix zur ersten; dann erhält man eine Determinante, deren erste Spalte sicher durch 2 teilbar ist, da wegen des Gleichheitszeichens dann als Elemente dieser Spalte Null oder $2 \cdot \sum d_{ik}$ auftritt. Die Determinante des Knotens wäre also

---

[1] GOERITZ, L.: Nicht veröffentlicht.

gerade, entgegen dem Resultat zu Beginn von **2, 4**. Sei also für die erste Zeile von $A^{(1)}$ das Größerzeichen erfüllt, dann ist nach **2, 10** (4) $|A^{(1)}| \geqq |A_1^{(1)}|$, wo die Determinante $A_1^{(1)}$ durch Streichung der ersten Zeile und Kolonne von $A^{(1)}$ entstehe. In $A_1^{(1)}$ gilt gewiß für eine Zeile das Größerzeichen in der Abschätzung **2, 12** (1), weil $A^{(1)}$ irreduzibel ist. So fortschließend können wir die Abschätzung **2, 10** (5) sukzessive anwenden und erhalten schließlich, daß $|A^{(1)}|$ größer oder gleich dem Betrag eines der Elemente der Hauptdiagonale ist, also größer oder gleich einem

$$\left| \sum_{k=1}^m d_{ik} \right| > 1 .$$

Die Klassifikation fastalternierender Knoten kann man durch die angegebenen Abschätzungen fördern. Setzt man nämlich von den fastalternierenden Knotenprojektionen voraus, daß jedes Nachbargebiet von Γ_0 mit von Γ_0 verschiedenen Gebieten mindestens zwei Überkreuzungen gemeinsam hat und daß es keinen Weg innerhalb der weißen Gebiete gibt, der nur einen Doppelpunkt trifft, so gilt:

Die Minimalanzahl der Überkreuzungen solcher Knoten ist kleiner als das Fünffache der Knotendeterminante.

§ 14. Das *L*-Polynom des Knotens.

Zum Schluß dieser elementaren Betrachtungen werden wir jedem Knoten noch eine Matrix $(l_{ik}(x))$ zuordnen, deren Elemente Polynome sind, und zeigen, daß die geeignet erklärten Elementarteiler dieser Matrix Invarianten des Knotens sind (*3; 29*).

Die n Doppelpunkte der Knotenprojektion seien wieder mit D_i und die Bögen von Unterkreuzungsstelle zu Unterkreuzungsstelle mit s_i bezeichnet. In D_i werde der Streckenzug $s_i s_{i+1}$ von $s_{\lambda(i)}$ überkreuzt, $\varepsilon_i = \pm 1$ sei die zu D_i gehörige in **2, 2** (1) erklärte Charakteristik.

Wir bilden nun eine Matrix von n bzw. zu D_i gehörigen Zeilen und n bzw. zu s_i gehörigen Spalten, indem wir in die zu D_i gehörige Zeile

für $\varepsilon_i = +1$ und $\lambda(i) \neq i, i+1$

x in die zu s_i, -1 in die zu s_{i+1}, $1-x$ in die zu $s_{\lambda(i)}$ gehörige Spalte;

für $\varepsilon_i = +1$ und $\lambda(i) = i$

1 in die zu s_i, -1 in die zu s_{i+1},

für $\varepsilon_i = +1$ und $\lambda(i) = i+1$

x in die zu s_i, $-x$ in die zu s_{i+1} gehörige Spalte schreiben und

für $\varepsilon_i = -1$ und $\lambda(i) \neq i, i+1$

1 in die zu s_i, $-x$ in die zu s_{i+1}, $x-1$ in die zu $s_{\lambda(i)}$,

für $\varepsilon_i = -1$ und $\lambda(i) = i$

x in die zu s_i, $-x$ in die zu s_{i+1};

für $\varepsilon_i = -1$ und $\lambda(i) = i+1$

1 in die zu s_i, -1 in die zu s_{i+1} gehörige Spalte schreiben und an die übrigen Stellen Null setzen.

Wir betrachten nun die Elemente dieser Matrix als „*L-Polynome*" mit ganzzahligen Koeffizienten. Die Gesamtheit dieser Polynome

$$f(x) = \sum_{i=n}^{n+m} a_i x^i$$

(n, m, a_i ganz rational und $m \geqq 0$; man beachte, daß n auch negativ sein darf) *bilden einen Integritätsbereich*, dessen „Einheiten" die Polynome $\pm x^n$ sind. Dabei heißt ein Element $f(x)$ eine Einheit, wenn das inverse Element $(f(x))^{-1}$ ebenfalls zum Integritätsbereich gehört.

Es läßt sich alsdann zeigen, daß die im Sinne dieses Integritätsbereiches gebildeten, von $\pm x^n$ verschiedenen Elementarteiler der Matrix $(l_{ik}(x))$ Knoteninvarianten sind. Zum Beweis untersuchen wir wieder, wie sich die Matrix bei den drei Operationen $\Omega.$ 1, 2, 3 ändert. Wir wollen dabei dieselben Abänderungen wie in **2, 5** betrachten und behalten die dort gegebenen Bezeichnungen bei.

($\Omega.$ 1.) Die neue D_{n+1} entsprechende Zeile enthält in der s_n bzw. s_{n+1} entsprechenden Spalte die Elemente x bzw. $-x$, während die übrigen Elemente gleich Null sind. Addiert man also die zu s_{n+1} gehörige Spalte zu der zu s_n gehörigen Spalte, so bleibt in der zu D_{n+1} gehörigen Zeile nur $-x$ stehen, und durch sukzessive Addition des x^l-fachen ($l = 0, +1, -1$) dieser Zeile kann man alle anderen Elemente der zu s_{n+1} gehörigen Spalte zu Null machen.

($\Omega.$ 2.) Die neuen Zeilen haben die Gestalt:

	$s_1, \ldots, s_{l-1}, s_l$	$s_{l+1}, \ldots, s_{n-1}$	s_n	s_{n+1}	s_{n+2}
D_{n+1}	$0, \ldots, \quad 0, x-1,$	$0, \ldots, 0,$	$1,$	$-x,$	0
D_{n+2}	$0, \ldots, \quad 0, 1-x,$	$0, \ldots, 0,$	$0,$	$x,$	-1

In der zu s_{n+1} gehörigen Spalte stehen sonst nur Nullen, und die ursprüngliche zu s_n gehörige Spalte entsteht durch Addition der neuen zu s_n und s_{n+2} gehörigen Spalten.

Um zu sehen, daß die Elementarteiler sich höchstens in der behaupteten Weise ändern, addiere man zuerst die zu D_{n+1} gehörige Zeile zu der zu D_{n+2} gehörigen Zeile; mit Hilfe der zu s_{n+1} gehörigen Spalte mache man die noch zu D_{n+1} gehörigen Elemente zu Null. Addiert man dann die zu s_{n+2} gehörige Spalte zu der zu s_n gehörigen Spalte und schafft mit Hilfe der zu D_{n+2} gehörigen Zeile sämtliche Elemente der zu s_{n+2} gehörigen Spalte fort, so erhält man eine Matrix, die aus der ursprünglichen durch Hinzufügung der folgenden zwei Zeilen und Spalten entsteht:

$$0, \ldots, 0, -x, \; 0$$
$$0, \ldots, 0, \quad 0, -1,$$

wobei auch in den zu s_{n+1} und s_{n+2} gehörigen Spalten im übrigen nur noch Nullen stehen. Daraus folgt das Behauptete.

($\Omega.\ 3$.) Die Teilmatrix, welche den am abgeänderten Dreieck beteiligten Punkten und Bögen entspricht, habe die Gestalt

(1)

	s_j	s_l	s_{l+1}	s_{n-2}	s_{n-1}	s_n
D_l	$1-x$,	x,	-1,	0,	0,	0
D_{n-2}	$x-1$,	0,	0,	1,	$-x$,	0
D_{n-1}	0,	$x-1$,	0,	0,	1,	$-x$

(2)

	s_j,	s_l,	s_{l+1},	s_{n-2},	s_{n-1},	s_n
D_l	$1-x$,	x,	-1,	0,	0,	0
D_{n-2}	0,	0,	$x-1$,	1,	$-x$,	0
D_{n-1}	$x-1$,	0,	0,	0,	1,	$-x$

Die übrigen Elemente der zugehörigen Zeilen und der zu s_{n-1} gehörigen Spalte sind gleich Null. Um von (1) zu (2) zu kommen, addiert man bei (1) die zu D_l gehörige Zeile zu der zu D_{n-2} gehörigen Zeile und subtrahiert sie von der zu D_{n-1} gehörigen ·Zeile. Dann addiert man die zu s_{n-1} gehörige Spalte zu der zu s_l gehörigen Spalte und subtrahiert sie von der zu s_{l+1} gehörigen Spalte.

Wir können dies Resultat noch in folgender Weise verschärfen: *Die durch die Operationen Ω, Ω' bewirkten Abänderungen der Matrix $(l_{ik}(x))$ lassen sich aus den folgenden elementaren Matrizenumformungen zusammensetzen:*

$\Sigma.\ \xi.\ 1.$ *Die Zeilen (Kolonnen) werden untereinander vertauscht.*

$\Sigma.\ \xi.\ 2.$ *Die sämtlichen Elemente einer Zeile (Kolonne) werden mit $\pm x$ multipliziert.*

$\Sigma.\ \xi.\ 3.$ *Die zweite Zeile (Kolonne) wird zu der ersten addiert.*

$\Sigma.\ \xi.\ 4.$ *Eine Zeile, deren sämtliche Elemente gleich Null sind, wird hinzugefügt oder gestrichen.*

$\Sigma.\ \xi.\ 5.$ *Es wird gleichzeitig eine Zeile und eine Kolonne hinzugefügt oder gestrichen; das Element, das sowohl dieser Zeile wie dieser Kolonne angehört, ist gleich Eins, alle übrigen Elemente der Zeile und Kolonne sind gleich Null.*

Matrizen, die durch Umformungen $\Sigma.\ \xi.$ auseinander hervorgehen, mögen *L-äquivalent* heißen. L-äquivalente Matrizen haben natürlich dieselben von $\pm x^n$ verschiedenen Elementarteiler; das Umgekehrte gilt jedoch nicht. *Die L-Äquivalenzklasse der Matrix $(l_{ik}(x))$ ist somit eine weitere Knoteninvariante.*

Man erhält aus $(l_{ik}(x))$ eine Matrix mit gleichen Elementarteilern, wenn man eine beliebige Spalte streicht; denn die Summe der Elemente einer Zeile ist gleich Null. Ferner kann noch eine beliebige Zeile gestrichen werden, ohne daß die Elementarteiler dabei geändert werden. Dies wird in **3**, 6 gezeigt werden.

Diese neuen Matrizen haben von Null verschiedene Determinanten, weil die für $x = 1$ entstehenden Determinanten gleich ± 1 sind; sie stimmen bis auf einen Faktor $\pm x^n$ überein. Wir können dieselben also durch Multiplikation mit einem geeigneten Faktor $\pm x^n$ auf die eindeutig bestimmte Form

$$(3) \qquad L(x) = l_0 + l_1 x + \cdots + l_g x^g$$

mit $l_0 > 0$, $g \geqq 0$ bringen. (3) heiße das *L-Polynom des Knotens*.

Man kann ähnliche Matrizen mit denselben Elementarteilern aus Polynomen auch, an die Berandungsrelationen von Punkten und Gebieten anknüpfend, definieren, wie sich aus der gruppentheoretischen Bedeutung unserer Matrizen sofort (3) ergibt. Wir werden in **8**, 7 zeigen, daß die Torsionszahlen beliebiger Stufen durch die *L*-Äquivalenzklasse der Matrix $(l_{ik}(x))$ bestimmt sind.

§ 15. *L*-Polynome spezieller Knoten.

Die Elementarteiler $e(x)$ der Matrizen $(l_{ik}(x))$ sind für spiegelbildliche und entgegengesetzt gerichtete Knoten dieselben. **Man kann dies** direkt einsehen oder aus der gruppentheoretischen Bedeutung der Matrizen $(l_{ik}(x))$ und dem Verhalten der Gruppen bei spiegelbildlichen und entgegengesetzt gerichteten Knoten herleiten (vgl. **8**, **6** und **8**, 5). Dem Übergang zum invers gerichteten Knoten entspricht eine Vertauschung von x mit x^{-1}. Daraus ergibt sich für das *L*-Polynom die folgende Symmetrieeigenschaft: es ist

$$l_i = l_{g-i}. \qquad\qquad \left(i = 0, 1, \ldots, \left[\frac{g}{2} \right] \right)$$

Hierin bedeute $[a]$ die größte ganze Zahl, die kleiner oder gleich a ist. Analoges gilt für die Elementarteiler. Wegen $\sum l_i = \pm 1$ ist g und $l_{\left[\frac{g}{2} \right]+1}$ stets ungerade.

Zur Berechnung des *L*-Polynoms für Parallelknoten und Schlauchknoten und der Klassifikation der gleichsinnig verdrillten Schlauchknoten mit Hilfe ihres *L*-Polynoms vgl. man **3**, 13.

Im folgenden sind die *L*-Polynome für die Knoten der am Schluß angefügten Tabelle in leicht verständlicher Symbolik zusammengestellt (3). Das Zeichen $5 - 14 + 19$ bedeutet z. B. das *L*-Polynom

$$L(x) = 5 - 14x + 19x^2 - 14x^3 + 5x^4.$$

Es kommen in der Tabelle[1] fünf Paare von Knoten mit demselben *L*-Polynom vor. Die zwei gesternten Paare haben nach **2**, 6 je verschiedene Torsionszahlen zweiter oder dritter Stufe, und ihre Matrizen $(l_{ik}(x))$ sind nicht *L*-äquivalent. Bei den drei übrigen nach **2**, 9; **3**, 14, 15 nicht isotopen Paaren sind die Matrizen $(l_{ik}(x))$ dagegen *L*-äquivalent (vgl. **3**, 14).

---

[1] Die Tabelle unterscheidet sich von der von Alexander (3) angegebenen für den Knoten 9_{36}.

Typ	L-Polynom
3_{1a}	1 − 1
4_{1a}	1 − 3
5_{2a}	2 − 3
6_{1a} 9_{46n}	2 − 5*
7_{2a}	3 − 5
8_{1a}	3 − 7
7_{4a} 9_{2a}	4 − 7
8_{3a}	4 − 9
9_{5a}	6 − 11
9_{35a}	7 − 13
5_{1a}	1 − 1 + 1
9_{42n}	1 − 2 + 1
8_{20n}	1 − 2 + 3
6_{2a}	1 − 3 + 3
6_{3a}	1 − 3 + 5
8_{21n}	1 − 4 + 5
9_{44n}	1 − 4 + 7
7_{6a}	1 − 5 + 7
7_{7a}	1 − 5 + 9
9_{45n}	1 − 6 + 9
9_{47n}	1 − 7 + 11
8_{12a}	1 − 7 + 13
7_{3a}	2 − 3 + 3
7_{5a}	2 − 4 + 5
8_{4a}	2 − 5 + 5
8_{6a}	2 − 6 + 7

Typ	L-Polynom
8_{8a}	2 − 6 + 9
8_{11a}	2 − 7 + 9
8_{13a}	2 − 7 + 11
8_{14a} 9_{8a}	2 − 8 + 11
9_{12a}	2 − 9 + 13
9_{14a}	2 − 9 + 15
9_{15a}	2 − 10 + 15
9_{19a}	2 − 10 + 17
9_{21a}	2 − 11 + 17
9_{37a}	2 − 11 + 19
9_{4a}	3 − 5 + 11
9_{49n}	3 − 6 + 7
9_{7a}	3 − 7 + 9
8_{15a}	3 − 8 + 11
9_{25a}	3 − 12 + 17
9_{41a}	3 − 12 + 19
9_{39a}	3 − 14 + 21
9_{10a}	4 − 8 + 9
9_{13a}	4 − 9 + 11
9_{18a}	4 − 10 + 13
9_{23a}	4 − 11 + 15
9_{38a}	5 − 14 + 19
8_{19n}	1 − 1 + 0 + 1
7_{1a}	1 − 1 + 1 − 1
9_{43n}	1 − 3 + 2 − 1
8_{2a}	1 − 3 + 3 − 3
8_{5a}	1 − 3 + 4 − 5

Typ	L-Polynom
8_{7a}	1 − 3 + 5 − 5
8_{9a}	1 − 3 + 5 − 7
8_{10a}	1 − 3 + 6 − 7
9_{48n}	1 − 4 + 6 − 5
8_{16a}	1 − 4 + 8 − 9
8_{17a}	1 − 4 + 8 − 11
9_{11a}	1 − 5 + 7 − 7
9_{36a}	1 − 5 + 8 − 9
9_{17a}	1 − 5 + 9 − 9
9_{20a}	1 − 5 + 9 − 11
9_{22a}	1 − 5 + 10 − 11
8_{18a} 9_{24a}	1 − 5 + 10 − 13*
9_{26a}	1 − 5 + 11 − 13
9_{27a}	1 − 5 + 11 − 15
9_{28a} 9_{29a}	1 − 5 + 12 − 15
9_{30a}	1 − 5 + 12 − 17
9_{31a}	1 − 5 + 13 − 17
9_{32a}	1 − 6 + 14 − 17
9_{33a}	1 − 6 + 14 − 19
9_{34a}	1 − 6 + 16 − 23
9_{40a}	1 − 7 + 18 − 23
9_{3a}	2 − 3 + 3 − 3
9_{6a}	2 − 4 + 5 − 5
9_{9a}	2 − 4 + 6 − 7
9_{16a}	2 − 5 + 8 − 9
9_{1a}	1 − 1 + 1 − 1 + 1

Drittes Kapitel.

Knoten und Gruppen.

§ 1. Äquivalenz von Zöpfen.

Die Aufgabe, zu entscheiden, ob zwei Knotenprojektionen zu denselben Knoten gehören, hat eine gewisse Ähnlichkeit mit dem Wort- oder Transformationsproblem in einer Gruppe mit Erzeugenden und definierenden Relationen. Diese Ähnlichkeit läßt sich präzisieren bei einer bestimmten Art von Projektionen und einer bestimmten Einschränkung der Deformationen, bei den Zopfen.

Unter der Deformation eines offenen Zopfes verstehen wir eine Aufeinanderfolge von endlich vielen Prozessen folgender Art:

Δ. ζ. Sei PQ eine Strecke des Zopfes, die von P nach Q führe, seien PR und RQ zwei weitere Strecken, die von P nach R bzw. von R nach Q führen mögen. Die Dreiecksfläche PQR habe außer der Strecke PQ keinen

Punkt mit dem Zopf gemeinsam. Die Strecke PQ wird durch PR, RQ ersetzt, wenn das so abgeänderte Gebilde wieder ein offener Zopf ist.

$\Delta'. \zeta.$ sei der zu $\Delta. \zeta.$ inverse Prozeß.

Zwei Zöpfe, die durch eine Deformation auseinander hervorgehen, mögen *äquivalent* heißen.

Nach Normierung der Zopfprojektion kann man wieder die Raumdeformationen $\Delta. \zeta.$ und $\Delta'. \zeta.$ in Deformationen der Projektion übersetzen. Abgesehen von den Deformationen $\Delta. \zeta. \pi.$ der Projektion, die den Zopfcharakter erhalten (Fig. 25), lassen sich gewisse Opera-

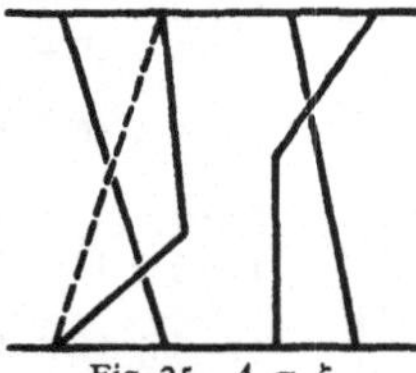

Fig. 25. $\Delta. \pi. \zeta.$

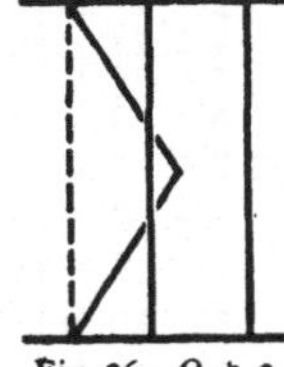

Fig. 26. $\Omega. \zeta. 2.$

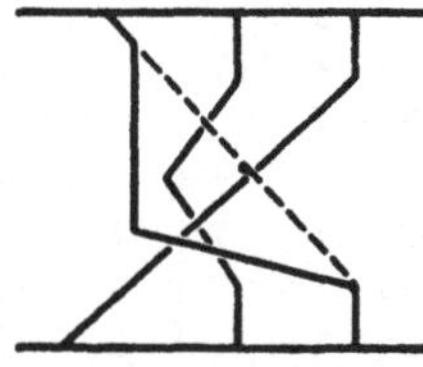

Fig. 27. $\Omega. \zeta. 3$

tionen $\Omega. 2, 3$ ausführen, die mit $\Omega. \zeta. 2.$ (Fig. 26) und $\Omega. \zeta. 3.$ (Fig. 27) bezeichnet werden mögen; es sind das also solche Operationen $\Omega. 2, 3$, welche den Zopfcharakter der Projektion erhalten. Der Beweis, daß jede Zopfdeformation $\Delta. \zeta.$ sich aus $\Omega. \zeta. 2, 3$ und den inversen Prozessen zusammensetzen läßt, verläuft ähnlich wie der Beweis der analogen Aussage beim Knoten in 1, 3.

Aus zwei Zöpfen $\mathfrak{z}_1$ und $\mathfrak{z}_2$ von q-ter Ordnung kann man durch Aneinanderhängen einen neuen Zopf $\mathfrak{z}_3 = \mathfrak{z}_1\mathfrak{z}_2$ bilden: zu $\mathfrak{z}_1$ gehöre das Rechteck mit den Gegenseiten g_{11}, g_{21} und den Punktreihen A_{i1}, B_{i1}, zu $\mathfrak{z}_2$ das Rechteck mit den Gegenseiten g_{12}, g_{22} und den Punktreihen A_{i2}, B_{i2} $(i = 1, 2, \ldots, q)$. Die Rechtecke mögen nun so aneinandergelegt werden, daß evtl. nach einer affinen Transformation des zweiten B_{i1} mit A_{i2} zusammenfällt; dann möge die Strecke $g_{21} = g_{12}$ ausgelöscht werden. Das neue Gebilde ist wieder ein Zopf q-ter Ordnung. Bezeichnet man den Zopf mit nur einem Doppelpunkt, bei welchem der i-te Faden den $(i + 1)$-ten überkreuzt, mit $\mathfrak{s}_i$ $(i = 1, 2, \ldots, q - 1)$, und denjenigen, bei welchem der i-te Faden die $(i + 1)$-ten unterkreuzt, mit $\mathfrak{s}_i^{-1}$, so sieht man, daß sich jeder Zopf mit d Doppelpunkten eindeutig als $\mathfrak{z} = \mathfrak{s}_{\alpha_1}^{\varepsilon_1} \mathfrak{s}_{\alpha_2}^{\varepsilon_2} \ldots \mathfrak{s}_{\alpha_d}^{\varepsilon_d}$ $(\varepsilon_i = \pm 1)$ darstellen läßt.

Sind $\mathfrak{z}_1$ und $\bar{\mathfrak{z}}_1$ äquivalent und $\mathfrak{z}_2$ und $\bar{\mathfrak{z}}_2$ äquivalent, so sind auch $\mathfrak{z}_1\mathfrak{z}_2$ und $\bar{\mathfrak{z}}_1\bar{\mathfrak{z}}_2$ äquivalent.

§ 2. Die Zopfgruppen.

Man kann nunmehr die Gruppe $\mathfrak{Z}_q$ der Zöpfe aus q Fäden bilden (7). Als *Gruppenelemente* nehmen wir die *Klassen* $[\mathfrak{z}]$ *äquivalenter Zöpfe*. Das Produkt zweier Klassen $[\mathfrak{z}_1]$ und $[\mathfrak{z}_2]$ erklären wir durch

$$[\mathfrak{z}_1] \cdot [\mathfrak{z}_2] = [\mathfrak{z}_1 \mathfrak{z}_2].$$

Das Produktelement ist hierdurch eindeutig bestimmt. Die Verknüpfung ist assoziativ, der Zopf ohne Überkreuzungen liefert das Einheitselement, und ist

$$\mathfrak{z} = \mathfrak{z}_{\alpha_1}^{\varepsilon_1} \, \mathfrak{z}_{\alpha_2}^{\varepsilon_2} \cdots \mathfrak{z}_{\alpha_d}^{\varepsilon_d},$$

so ist $[\mathfrak{z}_{\alpha_d}^{-\varepsilon_d} \cdots \mathfrak{z}_{\alpha_2}^{-\varepsilon_2} \, \mathfrak{z}_{\alpha_1}^{-\varepsilon_1}]$ das zu $[\mathfrak{z}]$ inverse Element.

Da hier $[\mathfrak{z}] = [\mathfrak{z}_{\alpha_1}]^{\varepsilon_1} \, [\mathfrak{z}_{\alpha_2}]^{\varepsilon_2} \cdots [\mathfrak{z}_{\alpha_d}]^{\varepsilon_d}$ ist, bilden die Elemente

$$\text{(1)} \qquad\qquad S_i = [\mathfrak{z}_i] \qquad\qquad (i = 1, 2, \ldots, q - 1)$$

ein System von Erzeugenden der Zopfgruppe $\mathfrak{Z}_q$.

Die definierenden Relationen der Zopfgruppe $\mathfrak{Z}_q$ findet man, indem man die durch Zopfdeformationen bewirkten Abänderungen der Worte $W(S_i) = S_{\alpha_1}^{\varepsilon_1} \, S_{\alpha_2}^{\varepsilon_2} \cdots S_{\alpha_d}^{\varepsilon_d}$ untersucht.

Die Operation $\Omega. \zeta. 2.$ (Fig. 26) und der inverse Prozeß liefert das Einschieben bzw. das Weglassen eines Faktors $S_i^{\varepsilon} S_i^{-\varepsilon}$ ($\varepsilon = \pm 1$), also nur Abänderungen in der freien Gruppe der S_i.

Bei $\varDelta. \pi. \zeta.$ (Fig. 25) kann höchstens ein Schichtwechsel der Doppelpunkte eintreten. Ein einzelner Schichtwechsel bedeutet für das Wort $W(S_i)$ eine Vertauschung zweier benachbarter $S_{\alpha_i}^{\varepsilon_i} \, S_{\alpha_{i+1}}^{\varepsilon_{i+1}}$ miteinander. Dabei muß offenbar $\alpha_i \neq \alpha_{i+1} \pm 1$ sein. Das liefert die Relationen

$$\text{(2)} \qquad\qquad S_i S_k = S_k S_i. \qquad\qquad (k \neq i - 1, \, i + 1)$$

$\Omega. \zeta. 3.$ (Fig. 27) betrifft drei benachbarte Fäden, etwa die Fäden $i, \, i + 1, \, i + 2$; dann erhalten wir als Relationen

$$S_i^{\varepsilon} S_{i+1}^{\varepsilon} S_i^{\pm 1} = S_{i+1}^{\pm 1} S_i^{\varepsilon} S_{i+1}^{\varepsilon}. \qquad\qquad (\varepsilon = \pm 1)$$

Das liefert sowohl für $\varepsilon = +1$ wie $\varepsilon = -1$

$$\text{(3)} \qquad\qquad S_i S_{i+1} S_i = S_{i+1} S_i S_{i+1}. \qquad (i = 1, 2, \ldots, q - 2)$$

(2) und (3) sind also die definierenden Relationen von $\mathfrak{Z}_q$ *in den Erzeugenden (1).*

Die Frage, ob zwei offene Zöpfe äquivalent sind, ist damit auf das sog. Wortproblem der Gruppe $\mathfrak{Z}_q$ in den Erzeugenden (1) zurückgeführt, d. h. auf die Aufgabe, zu entscheiden, ob in einer Gruppe mit den Erzeugenden (1) und den definierenden Relationen (2) und (3) zwei Worte $W(S)$ und $W'(S)$ dasselbe Gruppenelement bedeuten. Die Frage, wann zwei geschlossene Zöpfe äquivalent sind, kann man auf das Transformationsproblem in der Zopfgruppe zurückführen. Man sieht nämlich, daß die den offenen Zöpfen $\mathfrak{z}_i^{\varepsilon} \mathfrak{z} \mathfrak{z}_i^{-\varepsilon}$ und $\mathfrak{z}$ zugeordneten geschlossenen Zöpfe äquivalent sind und daß umgekehrt zwei offene Zöpfe $\mathfrak{z}$ und $\mathfrak{z}$ denen derselbe geschlossene Zopf zugeordnet ist, in der Beziehung $[\mathfrak{z}] = [\mathfrak{z}_1] [\mathfrak{z}'] [\mathfrak{z}_1]^{-1}$ stehen.

Das Wortproblem ist für alle $\mathfrak{Z}_q$ gelöst, das Transformationsproblem hingegen nicht. $\mathfrak{Z}_2$ ist eine unendliche zyklische Gruppe. $\mathfrak{Z}_3$ ist zu der Wegegruppe der Kleeblattschlinge einstufig isomorph (7). In $\mathfrak{Z}_3$ kann man das Transformationsproblem lösen (3, 12).

Eine bemerkenswerte Untergruppe $\mathfrak{J}_q$ von $\mathfrak{Z}_q$ bilden die Zöpfe, bei denen stets A_i mit B_i verbunden ist; durch Aufstellung der Erzeugenden und definierenden Relationen von $\mathfrak{J}_q$ lassen sich zahlreiche neue Zopfeigenschaften erkennen. Z. B. kann man mit ihrer Hilfe die den Schlauchknoten entsprechenden Zöpfe vollständig klassifizieren (13).

§ 3. Definition der Gruppe des Knotens.

Wir knüpfen jetzt wieder an die in 2, 2 formulierte Aufgabe an, berechenbare Knoteninvarianten aufzustellen, und erklären, wie man der Knotenprojektion eine Gruppe aus Erzeugenden und definierenden Relationen zuordnen kann (28).

Die reguläre normierte Projektion eines Knotens mit n Doppelpunkten $D_1, D_2, \ldots, D_n$ werde in n Bögen $s_1, s_2, \ldots, s_n$ zerlegt, die von Unterkreuzungsstelle zu Unterkreuzungsstelle führen mögen. Auf dem Knoten sei ein positiver Durchlaufungssinn und in der Projektionsebene ein positiver Drehsinn festgelegt. Den n Strecken s_i ordnen wir formal n Erzeugende

$$(1) \qquad S_1, S_2, \ldots, S_n$$

zu und jedem Doppelpunkt D_i, in dem $s_{\lambda(i)}$ den Streckenzug $s_i s_{i+1}$ überkreuzt, eine Relation

$$(2) \qquad R_i(S) = S_{i+1}^{-1} S_{\lambda(i)}^{\varepsilon_i} S_i S_{\lambda(i)}^{-\varepsilon_i}, \qquad (i = 1, 2, \ldots, n)$$

wobei wie bisher ε_i gleich $+1$ oder -1 ist, je nachdem die Richtung von $s_{\lambda(i)}$ durch eine positive oder negative Drehung von einem Winkel kleiner als zwei Rechte in die positive Richtung von s_i überführbar ist. S_{n+1} sei gleich S_1. Die durch die Erzeugenden (1) und die definierenden Relationen (2) bestimmte Gruppe $\mathfrak{W}$ heiße die Gruppe des Knotens. Ebenso kann man auch einer Verkettung eine Gruppe zuordnen.

Aus den definierenden Relationen (2) folgt, daß die *Faktorgruppe der Kommutatorgruppe dieser Knotengruppe eine unendliche zyklische Gruppe ist.* Macht man nämlich die Erzeugenden vertauschbar, so besagen die Relationen (2) gerade

$$S_1 = S_2 = \cdots = S_n.$$

Die Gruppe des Kreises ist, wie sich aus dem Invarianzbeweis in 3, 4 und der Berechnung für eine geeignete spezielle Projektion ergibt, selbst die freie Gruppe mit einer Erzeugenden. Bildet man in der Gruppe einer Verkettung aus r Polygonen die Faktorgruppe der Kommutatorgruppe, so entsteht eine ABELsche Gruppe ohne Relationen mit r Erzeugenden. Die Gruppe von zwei unverketteten Polygonen ist das freie Produkt der Gruppen dieser Polygone, insbesondere ist also die Gruppe von zwei unverketteten Kreisen die freie Gruppe mit zwei freien Erzeugenden.

Nicht viel schwieriger ist zu sehen, wie man die in 2, 1 erklärte Verschlingungszahl von zwei Polygonen $\mathfrak{k}^{(1)}$ und $\mathfrak{k}^{(2)}$ aus der Gruppe $\mathfrak{W}$ der Verkettung dieser Polygone berechnen kann: Unter der zweiten Kommutatorgruppe einer Gruppe verstehen wir die Untergruppe, welche durch die Kommutatoren

$$K_2 = S K_1 S^{-1} K_1^{-1}$$

von beliebigen Elementen S der Gruppe und den Elementen K_1 ihrer Kommutatorgruppe erzeugt wird. Ist nun $\mathfrak{K}_2$ die zweite Kommutatorgruppe von $\mathfrak{W}$ und $\mathfrak{F} = \mathfrak{W}/\mathfrak{K}_2$ die Faktorgruppe nach $\mathfrak{K}_2$ in $\mathfrak{W}$, sind ferner $S^{(1)}$, $S^{(2)}$ zwei Erzeugende von $\mathfrak{W}$, die nach der oben angegebenen Vorschrift einem Bogen von $\mathfrak{k}^{(1)}$ bzw. $\mathfrak{k}^{(2)}$ zugeordnet sind, so ist die Ordnung des Kommutators

$$S^{(1)} S^{(2)} S^{(1)-1} S^{(2)-1}$$

in $\mathfrak{F}$ gleich der Verschlingungszahl von $\mathfrak{k}^{(1)}$ und $\mathfrak{k}^{(2)}$.

Die Erzeugenden und Relationen gestatten natürlich mannigfache Abänderungen. Wir fassen z. B. die Projektion eines geschlossenen Zopfes ins Auge, der einem offenen Zopfe aus q Fäden zugeordnet ist, welcher die Punkte $A_1, A_2, \ldots, A_q$ bzw. mit dem Punkt $B_{k_1}, B_{k_2}, \ldots, B_{k_q}$ verbindet. Sind $S_{A1}, S_{A2}, \ldots, S_{Aq}$ Erzeugende, die den q Bögen entsprechen, welche bzw. die A_i und B_{k_i} enthalten, so kann man sukzessive mittels der Relationen alle übrigen Erzeugenden durch die S_{Ai} ausdrücken; es bleiben alsdann genau q Relationen der folgenden Gestalt übrig

$$(3) \qquad\qquad S_{Ai}^{-1} L_i S_{A k_i} L_i^{-1}. \qquad\qquad (i = 1, 2, \ldots, q)$$

Darin sind die L_i gewisse Potenzprodukte in den Erzeugenden, welche in der freien Gruppe der S_{Ai} die Identität

$$(4) \qquad\qquad \prod_{i=1}^{q} L_i S_{A k_i} L_i^{-1} = \prod_{i=1}^{q} S_{Ai}$$

erfüllen. Die Relationen (3) und (4) kann man zu einer algebraischen Kennzeichnung von Verkettungsgruppen (Knotengruppen einbegriffen) verwenden. Da sich jede Verkettung in einen Zopf deformieren läßt, kann jede Verkettungsgruppe in die durch (3) und (4) charakterisierte Gestalt übergeführt werden. *Umgekehrt läßt sich aber auch zu irgendeinem Relationssystem* (3), *das die Bedingung* (4) *erfüllt, ein geschlossener Zopf konstruieren, dem durch die zu Beginn dieses Abschnitts erklärte Vorschrift eine Gruppe zugeordnet ist, welche zu der Gruppe mit den Erzeugenden* S_{Ai} ($i = 1, 2, \ldots, q$) *und den Relationen* (3) *einstufig isomorph ist* (7).

Man kann eine andere Vorschrift zur Bildung einer Knotengruppe in folgender Weise geben: Jedem Gebiet Γ_k ($k = 1, 2, \ldots, n+1$) der Projektionsebene möge eine bestimmte Erzeugende

$$(5) \qquad\qquad T_k \qquad\qquad (k = 1, 2, \ldots, n+1)$$

entsprechen, T_0 sei gleich dem Einheitselement. Jedem Doppelpunkt D_i sei folgendermaßen eine Relation $R_i(T)$ $(i = 1, 2, \ldots, n)$ zugeordnet. Sind $\Gamma_{\mu_l(i)}$ $(l = 1, 2, 3, 4)$ die vier mit D_i inzidierenden Gebiete (mit Einschluß von Γ_0) und stoßen $\Gamma_{\mu_1(i)}$, $\Gamma_{\mu_3(i)}$ sowie $\Gamma_{\mu_2(i)}$, $\Gamma_{\mu_4(i)}$ je an den beiden unterkreuzenden Bögen durch D_i aneinander, also $\Gamma_{\mu_2(i)}$, $\Gamma_{\mu_3(i)}$ sowie $\Gamma_{\mu_4(i)}$, $\Gamma_{\mu_1(i)}$ an den überkreuzenden Bögen durch D_i, so sei

$$(6) \qquad R_i'(T) = T_{\mu_1(i)}^{-1} T_{\mu_2(i)} T_{\mu_3(i)}^{-1} T_{\mu_4(i)} \qquad (i = 1, 2, \ldots, n).$$

Wie wir in **8**, 9 sehen werden, ist die durch (5) und (6) definierte Gruppe zu der durch (1) und (2) definierten einstufig isomorph. Man kann dies auch direkt durch Abänderung der Erzeugenden und definierenden Relationen nachrechnen.

§ 4. Invarianz der Knotengruppe.

Die in **8**, 3 durch die Erzeugenden (1) und Relationen (2) definierte Gruppe ist eine Knoteneigenschaft der regulären normierten Projektion.

Zum Beweise, den wir zunächst rein formal (*28*) führen, müssen wir untersuchen, wie sich Erzeugende und Relationen bei Anwendung der Operationen Ω. 1, 2 und 3 ändern. Die Erzeugenden, die der abgeänderten Projektion zugeordnet werden, mögen durch Striche bezeichnet werden:

(Ω. 1.) Es möge sich in den Streckenzug s_n eine Schleife legen. Dem neuen Doppelpunkt entspricht die Relation

$$S_{n+1}'^{-1} S_n'^{\varepsilon_{n+1}} S_n' S_n'^{-\varepsilon_{n+1}} = 1 \quad \text{oder} \quad S_{n+1}'^{-1} S_{n+1}'^{\varepsilon_{n+1}} S_n' S_{n+1}'^{-\varepsilon_{n+1}} = 1 ,$$

woraus beidemal $S_{n+1}' = S_n'$ folgt. Setzen wir überall S_n' für S_{n+1}', so bestehen zwischen den S_i' dieselben Relationen wie zwischen den S_i.

(Ω. 2.) Es mögen die neuen Doppelpunkte durch Überschiebung von s_l über s_n entstehen. Aus den beiden Relationen für die neuen Doppelpunkte, nämlich

$$S_{n+1}'^{-1} S_l'^{\varepsilon_{n+1}} S_n' S_l'^{-\varepsilon_{n+1}} = 1 ,$$
$$S_{n+2}'^{-1} S_l'^{\varepsilon_{n+2}} S_{n+1}' S_l'^{-\varepsilon_{n+2}} = 1 \qquad (\varepsilon_{n+1} = -\varepsilon_{n+2} = \varepsilon)$$

folgt $S_{n+2}' = S_n'$. Setzen wir nun

$$S_i'' = S_i \ (i = 1, 2, \ldots, n), \quad T = S_{n+1}', \quad S_n'' = S_{n+2}',$$

so bestehen zwischen den S_i'' dieselben Relationen wie zwischen den S_i, und außerdem zwischen S_i'' und T die beiden Relationen

$$T^{-1} S_l''^{\varepsilon} S_n'' S_l''^{-\varepsilon} = 1 , \quad S_n''^{-1} S_l''^{-\varepsilon} T S_l''^{\varepsilon} = 1 .$$

Die zweite ist eine Folgerelation der ersten.

(Ω. 3.) Hier sind verschiedene Fälle zu unterscheiden, je nach der Orientierung, welche die Streckenzüge des Dreiecks durch Orientierung des Knotens bekommen. Es werde hier der in Fig. 22 dargestellte Fall

herausgegriffen. Die Relationen der Ausgangsprojektion bezüglich der Doppelpunkte des Dreiecks seien:

$$R_l = S_{l+1}^{-1} S_j^{\varepsilon l} S_l S_j^{-\varepsilon l},$$
$$R_{n-2} = S_{n-1}^{-1} S_j^{\varepsilon_{n-2}} S_{n-2} S_j^{-\varepsilon_{n-2}},$$
$$R_{n-1} = S_n^{-1} S_l^{\varepsilon_{n-1}} S_{n-1} S_l^{-\varepsilon_{n-1}};$$

dann sind die Relationen der S'

$$R_l' = S_{l+1}'^{-1} S_j'^{\varepsilon_l'} S_l' S_j'^{-\varepsilon_l'},$$
$$R_{n-2}' = S_{n-1}'^{-1} S_{l+1}'^{\varepsilon_{n-2}'} S_{n-2}' S_{l+1}'^{-\varepsilon_{n-2}'},$$
$$R_{n-1}' = S_n'^{-1} S_j'^{\varepsilon_{n-1}'} S_{n-1}' S_j'^{-\varepsilon_{n-1}'}.$$

Hierin ist $\varepsilon_l' = \varepsilon_l, \varepsilon_{n-2}' = \varepsilon_{n-1}, \varepsilon_{n-1}' = \varepsilon_{n-2}$, und ferner ist $\varepsilon_l = -\varepsilon_{n-1} = -\varepsilon_{n-2}$. Eliminiere ich S_{n-1} mittels R_{n-2} aus R_{n-1} und S_{n-1}' mittels R_{n-2}' aus R_{n-1}' und ersetze in der zweiten so erhaltenen Relation S_{l+1}' mittels R_l' durch $S_j'^{\varepsilon_l} S_l' S_j'^{-\varepsilon_l}$, so sind die Relationen R_k und R_k' ($k \neq n-2$) zwischen den S_i bzw. den S_i' ($i \neq n-1$) dieselben, und S_{n-1}, S_{n-1}' treten nur noch in der einen Relation R_{n-2} bzw. R_{n-2}' auf.

Zusammenfassend können wir also sagen, daß die neuen Relationssysteme aus den ursprünglichen entstehen durch Hinzunahme und Fortlassen von Folgerelationen oder durch Hinzunahme oder Ausschaltung von Erzeugenden, die sich durch die übrigen auf Grund der Relationen ausdrücken lassen. Mithin sind die durch die Relationen definierten Gruppen untereinander einstufig isomorph.

Die formalen Invarianten der S_k aus (1) und der R_i aus (2) gegenüber den durch die Ω, Ω' bewirkten Abänderungen erschöpfen sich nicht in der durch (1) und (2) erklärten Gruppe (28). Durch die Veränderung der Projektionen werden z. B. nur neue Erzeugende mittels Gleichungen

$$(1) \qquad S_a = S_b^{\varepsilon} S_c S_b^{-\varepsilon}$$

eingeführt. *Jede Eigenschaft also, die bei Reduktionen und Erweiterungen der definierenden Relationen und bei Reduktionen und Erweiterungen der Erzeugenden von der Form* (1) *erhalten bleibt, ist eine Knoteneigenschaft.*

Ferner sieht man: Alle Erzeugenden S_i lassen sich als Transformierte von irgendeiner unter ihnen, z. B.

$$(2) \qquad S_i = L_i S_1 L_i^{-1}; \quad L_i = S_{\lambda(i-1)}^{\varepsilon_{i-1}} S_{\lambda(i-2)}^{\varepsilon_{i-2}} \cdots S_{\lambda(1)}^{\varepsilon_1} \qquad (i = 2, 3, \ldots, n)$$

darstellen. *Man erhält also eine neue invariante mit dem Knoten verknüpfte Gruppe, wenn man zu den Relationen $R_k(S)$ die Forderung $S_1^h = 1$ hinzufügt.*

Aus demselben Umstande kann man folgern, daß es zu jedem Elemente $W S_1 W^{-1}$ (W beliebig) eine invariant mit ihm verknüpfte Klasse **von Elementen**

$$(3) \qquad W L_{n+1}^{\varepsilon} S_1^l W^{-1} \qquad (l = 0, \pm 1, \pm 2, \ldots; \; \varepsilon = \pm 1)$$

gibt. Hierin sei L_{n+1} das durch (2) für $i = n + 1$ bestimmte Potenzprodukt. L_i, für das nach (2)

$$S_1 = L_{n+1} S_1 L_{n+1}^{-1}$$

ist.

Die Invarianz der genannten Elementklassen läßt sich leicht nachrechnen.

§ 5. Gruppe der inversen und des gespiegelten Knotens.

Die Gruppe eines Knotens ist zu der des inversen Knotens und zu der des Spiegelbildes einstufig isomorph (9); diese Knoten können also durch die Struktur ihrer Gruppe nicht unterschieden werden. An die Vorschrift 3, 3 (1) und (2) anknüpfend, kehren wir den Richtungssinn der Projektion um und ordnen dem Bogen, dem S_i entsprach, jetzt eine Erzeugende S_i' zu. Zwischen den S_i' bestehen die Relationen

$$(1) \qquad S_{i+1}'^{-1} S_{\lambda(i)}'^{-\varepsilon_i} S_i' S_{\lambda(i)}'^{\varepsilon_i} .$$

Wir führen als neue Erzeugende $S_i'' = S_i'^{-1}$ ein; die Relationen (1) schreiben sich dann

$$S_{i+1}'' S_{\lambda(i)}''^{\varepsilon_i} S_i''^{-1} S''^{-\varepsilon_i}$$

oder

$$S_{i+1}''^{-1} S_{\lambda(i)}''^{\varepsilon_i} S_i'' S_{\lambda(i)}''^{-\varepsilon_i} .$$

Der Vergleich mit den Relationen 3, 3 (2) ergibt, daß die Gruppe des inversen Knotens mit der ursprünglichen isomorph ist.

Eine Knotenprojektion $\mathfrak{k}'$ des spiegelbildlichen Knotens erhalten wir, indem wir die Unterkreuzungen der Projektion in Überkreuzungen verwandeln und umgekehrt. Drehen wir jetzt die Projektionsebene von $\mathfrak{k}'$ um 180° um eine in ihr liegende Gerade g, dann erhalten wir eine Projektion $\mathfrak{k}''$ des gespiegelten Knotens, die wir als das Spiegelbild der ursprünglichen Projektion an der Geraden g erkennen.

Wir ordnen der Projektion $\mathfrak{k}''$ die Erzeugenden S_i'' ($i = 1, 2, \ldots, n$) so zu, daß S_i'' und S_i spiegelbildlichen Bögen entsprechen. Die Relationen zwischen den S_i'' lauten dann

$$(2) \qquad S_{i+1}''^{-1} S_{\lambda(i)}''^{-\varepsilon_i} S_i'' S_{\lambda(i)}''^{\varepsilon_i} .$$

Nehmen wir als Erzeugende $S_i' = S_i''^{-1}$, dann erhalten wir für die Relationen (2)

$$S_{i+1}'^{-1} S_{\lambda(i)}'^{\varepsilon_i} S_i' S_{\lambda(i)}'^{-\varepsilon_i} .$$

Ein Vergleich mit den Relationen 3, 3 (2) ergibt, daß die Gruppen spiegelbildlicher Knoten einstufig isomorph sind. Trotzdem läßt sich mit Hilfe der Gruppen z. B. feststellen, daß die Torusknoten nicht amphicheiral sind (vgl. 3, 12).

§ 6. Die Matrix $(l_{ik}(x))$ und die Gruppe.

Wir können jetzt leicht die gruppentheoretische Bedeutung der im zweiten Kapitel erklärten Matrizen angeben (*3; 29*). Nach **3, 3** ist bei einer Knotengruppe $\mathfrak{W}$ die Faktorgruppe $\mathfrak{W}/\mathfrak{K}$ der Kommutatorgruppe $\mathfrak{K}$ eine freie Gruppe mit einer Erzeugenden. Als Repräsentanten der Restklassen nach $\mathfrak{K}$ in $\mathfrak{W}$ können wir daher die Potenzen S^l $(l = 0, \pm 1, \ldots)$ einer Erzeugenden etwa $S = S_1$ wählen. Wir wollen die Erzeugenden und definierenden Relationen von $\mathfrak{K}$ nach dem Verfahren zur Bestimmung der Erzeugenden und definierenden Relationen von Untergruppen (*27; 33*) angeben. Zunächst führen wir an Stelle der Erzeugenden S_k der Knotengruppe neue Erzeugende E_k ein durch

$$S_k = E_k S_1 \qquad (k = 2, 3, \ldots, n);$$

die E_i gehören dann zur Kommutatorgruppe. Außerdem setzen wir $E_1 = E$, dem Einheitselement. Die Relationen **3, 3** (2) schreiben sich in den neuen Erzeugenden in der Form

$$R_i(E, S) = S_1^{-1} E_{i+1}^{-1} (E_{\lambda(i)} S_1)^{\varepsilon_i} E_i S_1 (E_{\lambda(i)} S_1)^{-\varepsilon_i}.$$

Die Erzeugenden der Kommutatorgruppe findet man nach dem **Verfahren** in der Form

$$S_1^l E_k S_1^{-l} = E_{kl} \qquad (k = 2, 3, \ldots, n; \; l = 0, \pm 1, \ldots)$$

(hierin ist $E_{k0} = E_k$) und die Relationen, indem man $S_1^l R_k(E_k, S_1) S_1^{-l}$ durch die E_{kl} ausdrückt. Man erhält für $\varepsilon_i = +1$

(1) $$R_{il}(E) = E_{i+1\,l-1}^{-1} E_{\lambda(i)\,l-1} E_{il} E_{\lambda(i)\,l}^{-1}$$

und für $\varepsilon_i = -1$

(2) $$R_{il}(E) = E_{i+1\,l-1}^{-1} E_{\lambda(i)\,l-2}^{-1} E_{il-2} E_{\lambda(i)\,l-1} \qquad (i = 1, 2, \ldots, n; \; l = 0, \pm 1, \ldots)$$

Die Zuordnung $SKS^{-1} = K'$ liefert einen Automorphismus der Kommutatorgruppe. Wir machen nun $\mathfrak{K}$ kommutativ und führen den Operator x durch die Festsetzung

$$SKS^{-1} = K^x$$

und symbolische Exponenten

$$f(x) = a_n x^n + a_{n+1} x^{n+1} + \cdots + a_{n+m} x^m$$

$(a_i, m, n$ ganz rational, $m > 0)$ durch die Festsetzung

$$K^{f(x)} = (K^{a_n})^{x^n} (K^{a_{n+1}})^{x^{n+1}} \ldots (K^{a_{n+m}})^{x^{n+m}}$$

ein. Wir erhalten so aus der Kommutatorgruppe eine kommutative Gruppe $\mathfrak{K}(x)$ mit Operator. Es ist $E_{kl} = E_k^{x^l}$ und die Relationen (1) und (2) gehen über in

$$R_{il}(E) \sim E_{i+1}^{-x^{l-1}} E_{\lambda(i)}^{x^{l-1}-x^l} E_i^{x^l} \qquad (\varepsilon_i = +1),$$

$$R_{il}(E) \sim E_{i+1}^{-x^{l-1}} E_{\lambda(i)}^{-x^{l-2}+x^{l-1}} E_i^{x^{l-2}} \qquad (\varepsilon_i = -1)$$

Von den Relationen für gleiches i können alle bis auf eine, etwa die mit $l = 1$ für $\varepsilon_i = +1$ und $l = 2$ für $\varepsilon_i = -1$, fortgelassen werden, da sie in der Gruppe mit Operator Folgerelationen der einen Relation mit $l = 1$ bzw. 2 sind. Die Exponentenmatrix der definierenden Relationen von $\Re(x)$

$$(3) \quad \begin{cases} R_{i,x}(E) = E_{i+1}^{-1} E_{\lambda(i)}^{1-x} E_i^x & (\varepsilon_i = +1), \\ R_{i,x}(E) = E_{i+1}^{-x} E_{\lambda(i)}^{x-1} E_i & (\varepsilon_i = -1) \end{cases}$$

ist mit der rein formal definierten aus $(l_{ik}(x))$ durch Streichung der ersten Spalte entstehenden Matrix identisch, und wir erhalten also: *Die in* **2,** 14 *erklärten L-Äquivalenzklassen der Matrix* $(l_{ik}(x))$ *kennzeichnen die* ABELsche *Gruppe* $\Re(x)$ *mit dem Operator x.*

Da jede der Relationen R_{i_0} nach **3,** 9 eine Folgerelation der übrigen R_i $(i \neq i_0)$ ist, so kann man auch eine der Relationen (3) fortlassen und in der Exponentenmatrix der Relationen (3) noch eine beliebige Zeile streichen, ohne dadurch die Elementarteiler abzuändern. Damit ist auch das in **2,** 14 erklärte *L-Polynom des Knotens als Knoteneigenschaft* erkannt.

Zugleich sieht man, wie man noch weitere Matrizen derselben L-Äquivalenzklasse aufstellen kann: indem man nämlich, von anderen definierenden Relationen der Knotengruppe ausgehend, definierende Relationen der Gruppe $\Re(x)$ aufstellt. So erhält man z. B. die von I. W. ALEXANDER angegebenen Matrizen (vgl. **2,** 14), indem man von den Erzeugenden **3,** 3 (5) und den definierenden Relationen **3,** 3 (6) der Knotengruppe ausgeht.

§ 7. Die Gruppe und die Matrizen $(o_{\alpha\beta}^k)$.

Aus der Zerlegung der Knotengruppe nach ihrer Kommutatorgruppe ergibt sich, daß die Gesamtheit der in den Restklassen $\Re S^{lh}$ $(l = 0, \pm 1, \ldots)$ enthaltenen Elemente eine invariante Untergruppe $\mathfrak{W}_h$ bilden.

Ein vollständiges Repräsentantensystem der Restklassen $\mathfrak{W}_h F$ wird durch

$$E, S_1, S_1^2, \ldots, S_1^{h-1}$$

geliefert. Demnach erhält man nach dem in **3,** 6 zitierten Verfahren als Erzeugende von $\mathfrak{W}_h$

$$S_1^k E_i S_1^{-k} = E_{ik} \quad (i = 2, 3, \ldots, n; \; k = 0, 1, \ldots, h-1) \text{ und } H = S_1^h.$$

Das vollständige Relationensystem erhält man, wenn man

$$S_1^k R_i S_1^{-k} = 1 \quad (k = 0, 1, \ldots, h-1)$$

durch die E_{il}, S_1^h ausdrückt. Das liefert für $\varepsilon_i = +1$

$$E_{i+1,\,k-1}^{-1} E_{\lambda(i),\,k-1} E_{i,\,k} E_{\lambda(i),\,k}^{-1} = 1 \quad (k = 1, 2, \ldots, h-1)$$

und für $k = 0$

$$S_1^{-h} E_{i+1,\,h-1}^{-1} E_{\lambda(i),\,h-1} S_1^h E_{i,0} E_{\lambda(i),0}^{-1} = 1$$

und für $\varepsilon_i = -1$

$$E_{i+1,k-1}^{-1} E_{\lambda(i),k-2}^{-1} E_{i,k-2} E_{\lambda(i),k-1} = 1 \quad (k = 2, 3, \ldots, h-1)$$

und für $k = 0, 1$

$$S_1^{-h} E_{i+1,h-1}^{-1} E_{\lambda(i),h-2}^{-1} E_{i,h-2} E_{\lambda(i),h-1} S_1^h = 1,$$

$$E_{i+1,0}^{-1} S_1^{-h} E_{\lambda(i),h-1}^{-1} E_{i,h-1} S_1^h E_{\lambda(i),0} = 1,$$

Setzt man hierin $H = S_1^h = 1$ und macht die so erhaltene Gruppe kommutativ, so erhält man als Exponentenmatrix die in **2**, 2 angegebene Matrix (*8*), die aus $(c_{\alpha\beta}^h)$ durch Streichung der Kolonnen $(1,k)$ $(k=0, 1, \ldots, h-1)$ hervorgeht.

Die Gruppe $\mathfrak{K}_h$, die man aus $\mathfrak{W}_h$ durch Hinzunahme der Relation $H = 1$ erhält, ist, wie ein Vergleich der Relationen mit denen der Kommutatorgruppe zeigt, einstufig isomorph zu der Gruppe, die aus der Kommutatorgruppe durch Hinzunahme der Relationen

$$E_{il} = E_{il+h} \qquad (l = 0, \pm 1, \ldots)$$

entsteht (*29*).

Daraus folgt ein entsprechender Zusammenhang zwischen den Gruppen $\mathfrak{K}(x)$ und $\mathfrak{K}_h(x)$, die aus $\mathfrak{K}$ bzw. $\mathfrak{K}_h$ entstehen, indem man $\mathfrak{K}$ bzw. $\mathfrak{K}_h$ kommutativ macht und den Operator $S_1 K S_1^{-1} = K^x$ bzw. $S_1 K_h S_1^{-1} = K_h^x$ (K aus $\mathfrak{K}$ und K_h aus $\mathfrak{K}_h$) einführt. Die Relationen von $\mathfrak{K}_h(x)$ ergeben sich nämlich aus denen von $\mathfrak{K}(x)$, indem man die Relationen

$$(1) \qquad\qquad E_i^{x^h-1} = 1$$

hinzunimmt. Aus den Relationen von $\mathfrak{K}_h(x)$ kann man die Matrizen mit den Torsionszahlen als Elementarteilern ableiten, indem man wieder die

$$E_{il} = E_i^{x^l} \qquad (l = 0, 1, \ldots, h-1)$$

als Erzeugende einführt. Nach (1) ist dann

$$E_i^{x^k} = E_{il}, \quad \text{wo} \quad k \equiv l \ (\mathrm{mod}\, h)$$

ist. Damit ist den Relationen der E_{il}, die aus (1) folgen, genügt. In den übrigen Relationen setze man die $E_i^{x^k}$ durch E_{il}. Jede Relation R von $\mathfrak{K}_h(x)$ gibt dabei zu den h verschiedenen Relationen Anlaß, die durch Einführung der E_{il} in die Relationen R^{x^i} $(i = 0, 1, \ldots, h-1)$ entstehen.

Aus diesen Überlegungen folgt, daß die *Torsionszahlen durch die Äquivalenzklasse der Matrix* $(l_{ik}(x))$ *bestimmt* sind.

§ 8. Die Wegegruppe des Knotens.

Die Gruppe des Knotens ist einstufig isomorph zu der Fundamental- oder Wegegruppe des Knotenaußenraumes, der Fundamentalgruppe der Mannigfaltigkeit also, die aus dem euklidischen Raume entsteht, wenn man die Punkte des Knotens aus ihm herausnimmt. Definieren wir zunächst die Wegegruppe und zeigen dann hinterher, daß diese Gruppe n Erzeugende S. mit den definierenden Relationen **3**, 3 (2) besitzt.

In dem zum Knoten gehörigen euklidischen Raum wählen wir außerhalb des Knotens einen festen Punkt A und betrachten die von diesem Punkt ausgehenden gerichteten geschlossenen euklidischen Streckenzüge, die den Knoten nicht treffen. Wir bezeichnen sie als durch A gehende Wege $\mathfrak{w}$. Unter $\mathfrak{w}_1\mathfrak{w}_2$ verstehen wir den Weg, der durch Anfügung von $\mathfrak{w}_2$ an $\mathfrak{w}_1$ entsteht. Unter $\mathfrak{w}^{-1}$ verstehen wir den zu $\mathfrak{w}$ entgegengesetzt gerichteten Weg.

Zwei Wege $\mathfrak{w}$ und $\mathfrak{w}'$ sollen *homotop* heißen, wenn sie sich durch wiederholte Anwendung von Operationen der folgenden Art ineinander überführen lassen:

$\varDelta$. α. PQ sei eine Strecke des Weges mit den Endpunkten P und Q, PR und RQ seien zwei weitere Strecken mit den Endpunkten P, R und R, Q, und das Dreieck PRQ habe mit dem Knoten keinen Punkt gemeinsam, dann wird PQ durch PR, RQ ersetzt. Das Dreieck PRQ darf auch zu einer Strecke entartet sein.

$\varDelta'$. α. sei der zu $\varDelta$. α. inverse Prozeß. Selbstdurchdringungen der Wege sind also bei diesem Deformationsprozeß zulässig.

Unter einem Gruppenelement der Wegegruppe des Knotenaußenraumes mit dem Aufpunkt A verstehen wir eine Klasse $[\mathfrak{w}]$ homotoper, in A beginnender Wege und unter dem Produkt zweier Gruppenelemente $[\mathfrak{w}_1]$ und $[\mathfrak{w}_2]$ das Element $[\mathfrak{w}_1\mathfrak{w}_2]$.

Daß dadurch wirklich eine Gruppe definiert ist, ist klar; das Einheitselement ist die Klasse der auf A zusammenziehbaren Wege, das inverse eines Elementes $[\mathfrak{w}]$ die Klasse $[\mathfrak{w}^{-1}]$ der inversgerichteten Wege.

Die Struktur dieser Gruppe hängt von A nicht ab.

Unter $\{\mathfrak{w}\}$ wollen wir die Klasse der zu $\mathfrak{w}$ homotopen Wege mit beliebigem Anfangspunkt verstehen. Jeder Klasse $\{\mathfrak{w}_0\}$ entspricht dann eine Klasse von Elementen $[\mathfrak{w}']\,[\mathfrak{w}_0]\,[\mathfrak{w}'^{-1}]$ einer Wegegruppe, die aus einem bestimmten Element $[\mathfrak{w}_0]$ durch Transformation mit einem beliebigen $[\mathfrak{w}']$ hervorgehen. Die auf einen Punkt zusammenziehbaren Wege heißen auch *„homotop Null“*.

§ 9. Struktur der Wegegruppe.

Um die Erzeugenden und definierenden Relationen der Wegegruppe zu gewinnen, werde irgendeine reguläre Projektionsrichtung gewählt. Durch jeden Punkt P des Knotens geht ein bestimmter Projektionsstrahl, der durch P in einen oberen und einen unteren Halbstrahl zerlegt wird, von dem man nach Auszeichnung einer Richtung den unteren Halbstrahl beibehält.

Die unteren Halbstrahlen erzeugen einen von dem Knoten begrenzten Halbzylinder z (Fig. 28); den Doppelpunkten der Knotenprojektion entsprechen Doppelerzeugende (Doppelachsen) des Zylinders; in ihnen durchsetzt sich der Zylinder. Den Bögen s_i des Knotens entsprechen Flächenstücke z_i des Zylinders, die von s_i und von aufeinanderfolgenden, vom Knoten ausgehenden Doppelachsen $(i = 1, 2, \ldots, n)$ begrenzt werden. Durch die Orientierung des Knotens wird für die Flächenstücke eine linke und rechte Seite erklärt. Der Aufpunkt A möge nicht auf z liegen (*34*).

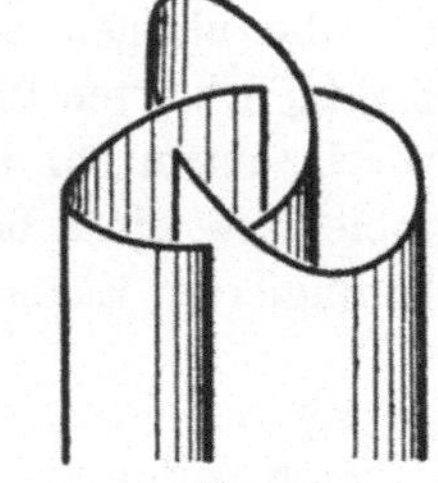

Fig. 28.

Zunächst sieht man ein, daß zwei Wege $\mathfrak{w}_i$ und $\mathfrak{w}_i'$, die z nur einmal durchsetzen, und zwar dasselbe Flächenstück z_i in gleicher Richtung, z. B. von links nach rechts, zueinander homotop sind. Wir bezeichnen die Klasse $[\mathfrak{w}_i]$ mit S_i.

Nun kann man jeden Weg $\mathfrak{w}$ durch A, der nacheinander die Flächenstücke

$$z_{k_1}, z_{k_2}, \ldots, z_{k_r}$$

durchsetzt, so deformieren, daß er aus solchen durch A gehenden Elementarwegen zusammengesetzt erscheint, die nur je ein Flächenstück z_i in dem einen oder dem anderen Sinne durchsetzen. Daher ist

$$[\mathfrak{w}] = S_{k_1}^{\varepsilon_1} S_{k_2}^{\varepsilon_2} \cdots S_{k_r}^{\varepsilon_r},$$

wobei $\varepsilon_i = +1$ oder $\varepsilon_i = -1$ ist, je nachdem z_i von links nach rechts oder von rechts nach links durchsetzt wird. Da man jeden Weg so deformieren kann, daß er z nur endlich oft durchsetzt und keine Doppelachsen passiert, sind die S_i ein System von Erzeugenden der Wegegruppe.

Es kann natürlich der Fall eintreten, daß formal verschiedene Worte das gleiche Gruppenelement bedeuten. Das ist gerade dann der Fall, wenn die zugeordneten Wege homotop sind, d. h. durch sukzessives Ansetzen oder Weglassen von Dreiecken auseinander hervorgehen, die den Knoten nicht umschlingen.

Man kann diese Deformationen aus solchen zusammensetzen, bei welchen die Fläche des Dreiecks PRQ von höchstens einer Doppelachse getroffen wird und der Rand des Dreiecks den Halbzylinder z gerade viermal oder zweimal durchsetzt, je nachdem die Dreiecksfläche von einer Doppelachse getroffen wird ($\varDelta$. α. 1.) oder nicht ($\varDelta$. α. 2.). Die Deformationen $\varDelta$ α. 2. bewirken das Einschieben oder Streichen eines Faktors $S_i^\varepsilon S_i^{-\varepsilon}$. Die Deformation $\varDelta$. α. 1. (Fig. 29) bedeutet die Anwendung einer Relation **8**, **3** (2).

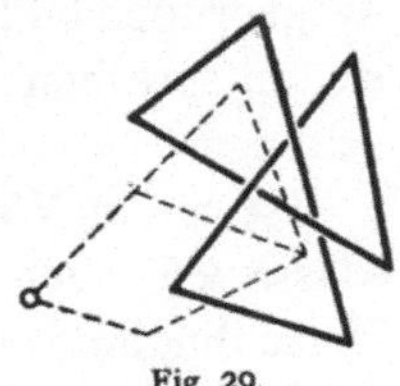

Fig. 29.

Daraus folgt, daß die Relation **8**, **3** (2) *die definierenden Relationen der Wegegruppe in den Erzeugenden* $S_i = [\mathfrak{w}_i]$ *sind.*

Wir bemerken noch: Von den n Relationen $R_i(S)$ ist je eine eine Folgerelation der $n-1$ anderen; denn einen Weg, der eine Doppelachse einmal umschlingt, kann man auch als einen Weg betrachten, der die übrigen $n-1$ Doppelachsen je einmal umschlingt. Die in 3, 4 (2) erklärten Elemente L_{n+1} lassen sich durch Wege repräsentieren, welche einem Parallelknoten aus einem Faden entsprechen. Die Homotopieklasse eines beliebigen Parallelknotens $\mathfrak{k}_{qr}$ gehört zu einer Klasse konjugierter Elemente der Form

$$WL_{n+1}^{\pm q}\,S_1^r\,W^{-1}.$$

Man kann in mannigfacher Weise Erzeugende und definierende Relationen der Wegegruppe aufstellen, indem man den Außenraum statt durch den Halbzylinder z mit Hilfe anderer Flächen aufschneidet (*15*). Es sei z. B. β_w das in 1, 4 erklärte vom Knoten berandete Band, das den weißen Gebieten entspricht, und β_s das analoge Band, das den

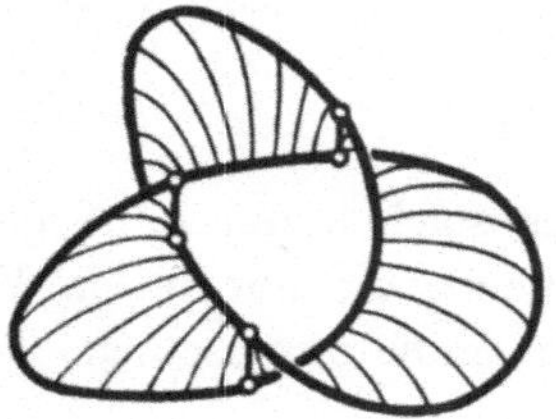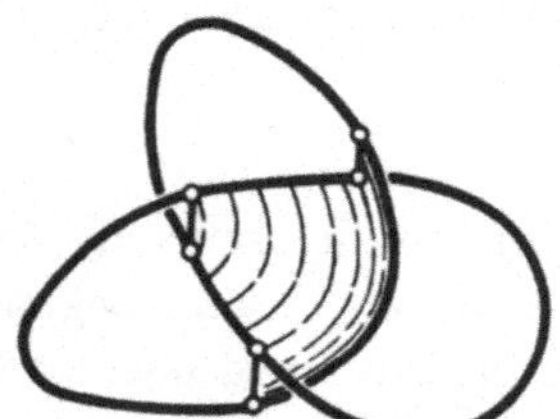

Fig. 30 a.   Fig. 30 b.

schwarzen Gebieten entspricht. Diese Bänder können so gelegt werden, daß sie sich in gerade n Strecken $d_i = U^i U_i$ durchsetzen, welche je eine Überkreuzungsstelle mit der zugehörigen Unterkreuzungsstelle verbinden. Der Knoten und die Strecken d_i zerlegen die Bänder β_w und β_s in $n+2$ Flächenstücke $f_0, f_1, \ldots, f_{n+1}$, die bzw. auf die Gebiete $\Gamma_0, \Gamma_1, \ldots, \Gamma_{n+1}$ projiziert werden. Unter f verstehen wir die aus den f_i $(i = 1, 2, \ldots, n+1)$ gebildete Fläche (Fig. 30). Es gibt dann wieder zu jedem Weg $\mathfrak{w}$ einen homotopen $\mathfrak{w}'$, welcher f nur endlich oft durchsetzt. Daraus schließt man, daß die Klassen $[\mathfrak{w}_i] = T_i$ $(i = 1, 2, \ldots, n+1)$ von Wegen $\mathfrak{w}_i$, welche f gerade einmal in f_i $(i = 1, 2, \ldots, n+1)$ von unten nach oben durchsetzen, ein System von Erzeugenden der Wegegruppe bilden; in 3, 3 (6) erkennt man die definierenden Relationen; sie entsprechen dèn Wegen $\mathfrak{r}_i$, welche die Strecken d_i einmal umschlingen.

Ist $\mathfrak{w}$ ein Weg aus der Klasse $[\mathfrak{w}] = W$ und liegt W in der Restklasse $\mathfrak{K}S^v$ nach der Kommutatorgruppe, so ist v die in 2, 1 definierte Verschlingungszahl von $\mathfrak{w}$ und dem Knotenpolygon. Die Untergruppen $\mathfrak{W}_h$ bestehen mithin aus den Klassen $\mathfrak{w}$ solcher Wege, welche der Knoten k h-mal $(k = 0, \pm 1, \ldots)$ umschlingen. Liegt $[\mathfrak{w}]$ in $\mathfrak{K}$ und ist $[\mathfrak{w}]$ von dem Einheitselement verschieden, so liefert die aus $\mathfrak{w} = \mathfrak{k}_1$ und dem Knoten $\mathfrak{k} = \mathfrak{k}_2$ bestehende Verkettung eine solche mit der Verschlingungszahl v gleich Null und der Verkettungszahl c_{12} ungleich Null.

§ 10. Überlagerungen des Knotenaußenraumes.

Zwischen der Wegegruppe und den unverzweigten Überlagerungen einer Mannigfaltigkeit besteht ein enger Zusammenhang, den wir für den Knotenaußenraum A folgendermaßen beschreiben können.

Es sei z der in **3**, 9 erklärte Halbzylinder, der von einem längs des Knotens $\mathfrak{k}$ parallel verschobenen Halbstrahl überstrichen wird.

Der durch einen unendlich fernen Punkt abgeschlossene Raum werde längs dieses Zylinders aufgeschnitten und dadurch in eine Zelle Z verwandelt, deren Randfläche aus dem doppelt überdeckten Zylinder besteht. Die Randfläche wird durch $\mathfrak{k}$ in zwei Stücke z_λ und z_ϱ und mit Hilfe der nun vierfach überdeckten Doppelachsen in die Flächenstücke $z_{\lambda i}$, $z_{\varrho i}$ $(i = 1, 2, \ldots, n)$ zerlegt. Sind nun $Z^{(k)}$ endlich oder abzählbar unendlich viele zu Z kongruente Zellen und bzw. $z_{\lambda i}^{(k)}$, $z_{\varrho i}^{(k)}$ $(k = 1, 2, \ldots)$ die Flächenstücke ihrer Berandung, so wird eine Überlagerung Y des Außenraumes A erklärt, indem man paarweise die Flächenstücke $z_{\lambda i}^{(k)}$ und $z_{\varrho i}^{(l)}$ mit gleichem Index i und gleichem oder verschiedenem Index k, l aufeinanderlegt, und zwar so, daß sich um jede Gerade über einer Doppelachse gerade vier solcher Flächenstückpaare gruppieren; oder anders gesagt so, daß jeder Weg $\mathfrak{r}_i^{(j)}$ des Überlagerungsraumes über einem geschlossenen Wege $\mathfrak{r}_i$ des Knotenaußenraumes, der eine Doppelachse gerade einmal umschlingt, selbst wieder geschlossen ist.

Beim Durchschreiten der den z_i entsprechenden Flächenstücke in einer bestimmten Richtung (von links nach rechts) komme man von irgendeiner Zelle $Z^{(j)}$ in irgendeine gleiche oder verschiedene Zelle $Z^{(k_j)}$. Die k_j durchlaufen dabei alle Indizes der Zellen $Z^{(j)}$ und die so einander zugeordneten Zahlen

$$\begin{pmatrix} 1, & 2, & \cdots \\ k_1, & k_2, & \cdots \end{pmatrix} = \pi_i$$

bilden also eine bestimmte Permutation. Jedem Flächenstück z_i entspricht so gerade eine Permutation π_i, und wegen der besonderen Bedingung für unsere Überlagerung erfüllen diese π_i die Relationen der Fundamentalgruppe des Knotenaußenraumes. Entsprechen nämlich den Flächenstücken z_i die Erzeugenden S_i der Knotengruppe $\mathfrak{W}$ und entspricht dem Weg $\mathfrak{r}_i$ um eine Doppelachse die Relation

$$R_i(S) = S_{i+1}^{-1} S_{\lambda(i)}^{\varepsilon_i} S_i S_{\lambda(i)}^{-\varepsilon_i},$$

so muß auch, weil die Wege $\mathfrak{r}_i^{(j)}$ über $\mathfrak{r}_i$ geschlossene Wege sein sollen,

$$\pi_{i+1}^{-1} \pi_{\lambda(i)}^{\varepsilon_i} \pi_i \pi_{\lambda(i)}^{-\varepsilon_i}$$

die identische Permutation sein. Die π_i erzeugen also eine zur Knotengruppe isomorphe Gruppe $\mathfrak{P}$, und *jede zur Knotengruppe isomorphe*

Permutationsgruppe $\mathfrak{P}$ *liefert einen Überlagerungsraum* Y *von der geforderten Eigenschaft.*

Jeder Punkt $A^{(i)}$ und jeder Weg $\mathfrak{w}^{(i)}$ des Überlagerungsraumes liegt über einem wohlbestimmten Punkt A und einem wohlbestimmten Weg $\mathfrak{w}$ des Knotenaußenraumes. Ist $\mathfrak{w}$ ein in A beginnender Weg, so gibt es umgekehrt einen wohlbestimmten Weg $\mathfrak{w}^{(i)}$ über $\mathfrak{w}$, welcher in dem Punkte $A^{(i)}$ über A beginnt. Deformationen $\varDelta. v.$ geschlossener Wege lassen sich in Y ähnlich wie die Deformationen $\varDelta. \alpha.$ in A erklären, und damit läßt sich auch die Homotopie von Wegen in Y und die Wegegruppe von Y definieren.

Ist $\mathfrak{w}$ ein in A beginnender geschlossener Weg, der in A homotop Null ist, so ist jeder Weg $\mathfrak{w}^{(i)}$ über $\mathfrak{w}$ ebenfalls geschlossen und in Y homotop Null. *Y ist* also *eine unverzweigte Überlagerung von* A.

Hieraus folgt: Sind $\mathfrak{w}_1$ und $\mathfrak{w}_2$ homotop und $\mathfrak{w}_1^{(i)}$, $\mathfrak{w}_2^{(i)}$ die in $A^{(i)}$ beginnenden Wege über $\mathfrak{w}_1, \mathfrak{w}_2$, so sind $\mathfrak{w}_1^{(i)}$ und $\mathfrak{w}_2^{(i)}$ entweder beide geschlossene oder beide offene Wege. *Die Gesamtheit der Elemente* [$\mathfrak{w}$] *aus* $\mathfrak{W}$, *für welche die in* $A^{(i)}$ *beginnenden Wege* $\mathfrak{w}^{(i)}$ *über* $\mathfrak{w}$ *geschlossen sind, bilden eine Untergruppe* $\mathfrak{U}_Y^{(i)}$ *von* $\mathfrak{W}$. Die $\mathfrak{U}_Y^{(i)}$ $(i = 1, 2, \ldots)$ bilden eine Klasse konjugierter Untergruppen. Die Wegegruppe von Y ist zu der Untergruppe $\mathfrak{U}_Y^{(i)}$ einstufig isomorph.

Zu jeder Klasse konjugierter Untergruppen $\mathfrak{U}^{(i)}$ von $\mathfrak{W}$ läßt sich umgekehrt eine bestimmte unverzweigte Überlagerung konstruieren.

Somit kann man die Untergruppen der Wegegruppe eines Knotens als Wegegruppen von Überlagerungsmannigfaltigkeiten des Knotenaußenraumes auffassen. Die zu den Gruppen $\mathfrak{W}_h$ gehörigen Überlagerungen Y_h erhält man, indem man

$$\pi_1 = \pi_2 = \cdots = \pi_n = \pi$$

und

$$\pi = \begin{pmatrix} 1, 2, \ldots, n \\ 2, 3, \ldots, 1 \end{pmatrix}$$

setzt. Die Elementarteiler der Matrizen $(c_{\alpha\beta}^h)$ sind dementsprechend die Torsionszahlen $(5; 27)$ der Mannigfaltigkeit Y_h.

In den Überlagerungsräumen Y gibt es eine oder mehrere Kurven $\mathfrak{k}^{(i)}$ $(i = 1, 2, \ldots, r)$, welche den Knoten $\mathfrak{k}$ überlagern. Man erhält neue unberandete Überlagerungsräume Y^*, wenn man diese Randkurven von Y mit zu Y hinzurechnet. Die Wegegruppe eines Y^* entsteht aus der Wegegruppe $\mathfrak{W}_Y$ des zugehörigen Y, indem man ein System von Wegen $\mathfrak{w}^{(i)}$ $(i = 1, 2, \ldots, r)$ bildet, welche die $\mathfrak{k}^{(i)}$ je einmal umschlingen, [$\mathfrak{w}^{(i)}$] in den Erzeugenden von $\mathfrak{W}_Y$ ausdrückt und diese Potenzprodukte als definierende Relationen hinzunimmt. Für den Raum Y_h^* erhält man so $H = S^h = 1$ als neue Relation.

Analoges gilt für Verkettungen. Jede dreidimensionale Mannigfaltigkeit läßt sich als eine Überlagerung Y^* von Verkettungen darstellen (4).

§ 11. Die Gruppe von Parallelknoten.

Wenn man die Gruppe einzelner Knoten untersuchen will, ist es oft zweckmäßig, vorerst neue Erzeugende und definierende Relationen aufzustellen, aus denen sich Gruppeneigenschaften leichter erkennen lassen als an den Erzeugenden $3, 3$ (1) und den definierenden Relationen $3, 3$ (2). Als Beispiel hierfür geben wir ein System von Erzeugenden und definierenden Relationen für die Gruppe $\mathfrak{W}_{qr}$ von Parallelknoten $\mathfrak{k}_{qr}$ an, das sich besonders leicht aus den Erzeugenden und definierenden Relationen der Gruppe $\mathfrak{W}$ des ursprünglichen Knotens $\mathfrak{k}$ herleiten läßt und über die Struktur der Gruppe $\mathfrak{W}_{qr}$ in ihrer Beziehung zur Gruppe $\mathfrak{W}$ Auskunft gibt (*14*).

Es seien D_i $(i = 1, 2, \ldots, n)$ die Doppelpunkte einer Projektion von $\mathfrak{k}$, die nach $3, 3$ (1) und (2) zugeordneten Erzeugenden und definierenden Relationen seien S_i $(i = 1, 2, \ldots, n)$ und

$$R_i(S_k) = S_{i+1}^{-1} S_{\lambda(i)}^{\varepsilon_i} S_i S_{\lambda(i)}^{-\varepsilon_i} \qquad (i = 1, 2, \ldots, n).$$

Der zu $\mathfrak{k}$ gehörige Parallelknoten $\mathfrak{k}_{qr}$ von q Fäden und der Verdrillungszahl $r > 0$ sei so gelegt, daß die Projektion des eingehefteten Zylinderzopfes mit der Verdrillungszahl r zwischen dem zu D_n und zu D_1 gehörigen Überkreuzungskomplex von je q^2 Doppelpunkten fällt. An dieser Projektion würde man nach der Methode von $3, 4$ entsprechend den n zu den D_i gehörigen Doppelpunktskomplexen $q^2 n$ und den Doppelpunkten des Zylinderzopfes entsprechend weitere $r(q - 1)$ Erzeugende also insgesamt $q^2 n + r(q - 1)$ und ebensoviel definierende Relationen für die Gruppe $\mathfrak{W}_{qr}$ von $\mathfrak{k}_{qr}$ ablesen.

Wir wollen an Stelle dieser Erzeugenden gewisse neue einführen, die für den Knoten $\mathfrak{k}_{qr}$ als Parallelknoten einfache geometrische Bedeutung haben. Denken wir uns an Stelle des Knotens $\mathfrak{k}$ den dazugehörigen Schlauch und $\mathfrak{k}_{qr}$ auf demselben liegend, so kann man den Erzeugenden S_k von $\mathfrak{W}$ die entsprechenden Umschlingungen T_k des Schlauches zuordnen jedes der T_k $(k = 1, 2, \ldots, n)$ umschlingt, als Weg der Gruppe $\mathfrak{W}_{qr}$ aufgefaßt, je die q Fäden von $\mathfrak{k}_{qr}$. Aus dieser Deutung der T_i geht hervor, daß in ihnen die Relationen $R_i(T_k) = 1$ $(i = 1, 2, \ldots, n)$ gelten, die aus $R_i(S_k)$ entstehen, indem je S_k durch T_k ersetzt wird. Wir behaupten nun, daß $\mathfrak{W}_{qr}$ durch die T_k $(k = 1, 2, \ldots, n)$ und einer weiteren Erzeugenden Q, die der Seele des Schlauches entspricht, mit den definierenden Relationen $R_i(T_k)$ $(i = 1, 2, \ldots, n)$ und einer neuen definierenden Relation $R(Q, T_k)$, die wir sogleich genau angeben werden, erklärt werden kann.

Wir betrachten zunächst die den Doppelpunkten D_i entsprechenden $q^2 n$ Doppelpunkte $D_{i,k}$ $(i = 1, 2, \ldots, n; k = 1, 2, \ldots, q^2)$. Sind U_{ik} die zugehörigen Unterkreuzungsstellen, so können wir die Numerierung so treffen, daß die von U_{ik} nach U_{ik+q} führenden Teilbögen von $\mathfrak{k}_{qr}$

keine Überkreuzungsstellen enthalten. Die smtlichen Erzeugenden, die
diesen Bögen entsprechen, können dann offenbar eliminiert werden.
Somit bleiben nur die solchen Teilstrecken entsprechenden Erzeugenden
$S_{i,k}$ $(k = 1, 2, \ldots, q)$, die von einem $U_{i-1,k}$ zu einem $U_{i,k}$ führen
$(i = 2, 3, \ldots, n)$ und die Erzeugenden $S_{1,k}$, $S_{n+1,k}$, den Bögen entsprechend, welche in den Zylinderzopfteil einmünden und in $U_{1,k}$ bzw.
$U_{n,k}$ enden bzw. beginnen. Setzen wir zur Abkürzung

$$(1) \qquad \prod_{k=q}^{1} S_{i,k} = T_i \qquad (i = 1, 2, \ldots, n + 1),$$

so lauten die den $D_{i,k}$ jetzt noch entsprechenden Relationen

$$(2) \qquad S_{i+1,k} = T_{\lambda(i)}^{\varepsilon_i} S_{i,k} T_{\lambda(i)}^{-\varepsilon_i}. \qquad (i = 1, 2, \ldots, n; \ k = 1, 2, \ldots, q)$$

Hierin ist ε_i die Charakteristik des Doppelpunktes D_i.

Wir betrachten nun (1) als Definitionsgleichungen der neuen Erzeugenden T_i. Aus (1) und (2) ergeben sich die Relationen

$$(3) \qquad R_i(T) = T_{i+1}^{-1} T_{\lambda(i)}^{\varepsilon_i} T_i T_{\lambda(i)}^{-\varepsilon_i} \qquad (i = 1, 2, \ldots, n).$$

Hierin ist infolge der Zylinderzopfrelationen (leicht ersichtlich auch aus
der geometrischen Bedeutung der Elemente T_i)

$$(4) \qquad T_{n+1} = T_1.$$

Die Gleichungen (1) für $i = 1, 2, \ldots, n$ gehen aus der Gleichung (1)
für $i = n + 1$ durch Transformation mit geeigneten Elementen und
Anwendung von (2) und (3) hervor und können somit fortgelassen werden.
Es bleibt mithin von den Gleichungen (1) nur

$$(1^*) \qquad R_{n+1,0} = \prod_{k=q}^{1} S_{n+1,k} \cdot T_1^{-1}.$$

Nun ersetzen wir (2) durch die gleichwertigen Relationen

$$(2^*) \qquad \begin{cases} S_{i+1,k} = L_{i+1}(T) S_{i,k} L_{i+1}^{-1}(T), \quad L_{i+1}(T) = T_{\lambda(i)}^{\varepsilon_i} T_{\lambda(i-1)}^{\varepsilon_{i-1}} \cdots T_{\lambda(1)}^{\varepsilon_1}. \\ (i = 1, 2, \ldots, n; \ k = 1, 2, \ldots, q) \end{cases}$$

Indem wir beachten, daß $S_{i,k}$ $(i \neq 1, n + 1)$ in den Zylinderzopfrelationen nicht auftreten, eliminieren wir diese Erzeugenden und behalten von den Gleichungen (2^*) nur

$$(2^{**}) \qquad R_{n+1,k} = S_{n+1,k}^{-1} L_{n+1}(T) S_{1,k} L_{n+1}^{-1}(T) \qquad (k = 1, 2, \ldots, q)$$

bei.

Wir wenden uns nun den Zylinderzopfteilen zu. Die überkreuzenden
Strecken zerlegen den Zopf den r Verdrillungen entsprechend in $r + 1$
Schichten von je q Strecken. Die Erzeugenden, die zur l-ten Schicht
gehören, seien mit $\qquad A_{l,k} \qquad (l = 1, 2, \ldots, r + 1; k = 1, 2, \ldots, q)$
bezeichnet. Es sei

$$(5) \qquad A_{1,k} = S_{n+1,k}, \quad A_{r+1,k} = S_{1,k} \qquad (k = 1, 2, \ldots, q);$$

man erhält die Relationen zwischen den $A_{l,k}$ bei Rechtsverdrillung nach der üblichen Vorschrift unter Einbeziehung der Identitäten $A_{l,r} = A_{l-1,1}$ in der Form

(6) $\quad A_{l,k} = A_{l-1,1}^{-1} A_{l-1,k+1} A_{l-1,1} \quad (l = 2, 3, \ldots, r+1; \; k = 1, 2, \ldots, q).$

Hierin mögen die zweiten Indizes modulo q genommen werden.

Aus (6) folgen die Gleichungen

(6*) $\qquad A_{j+1,k-j} = \left(\prod_{l=1}^{j} A_{l,1} \right)^{-1} A_{1,k} \prod_{l=1}^{j} A_{l,1}.$

Hieraus ergibt sich für $k = j + 1$

$$\prod_{l=1}^{j+1} A_{l,1} = A_{1,j+1} \prod_{l=1}^{j} A_{l,1}$$

und daher durch wiederholte Anwendung dieser Relation

$$\prod_{l=1}^{r} A_{l,1} = \prod_{l=r}^{1} A_{1,l}.$$

Wir setzen nun zur Abkürzung

$$L = \prod_{l=r}^{1} S_{n+1,l}.$$

Es ergibt sich dann aus (6*) für $j = r$ unter Beachtung von (5)

(6**) $\qquad S_{1,k-r} = L^{-1} S_{n+1,k} L \qquad (k = 1, 2, \ldots, q),$

während alle übrigen $A_{i,k}$ und alle übrigen Relationen (6*) eliminiert werden können.

Mit Hilfe von (6**) eliminieren wir nun die $S_{1,k}$ aus $R_{n+1,k}$, und indem wir die Elemente $S_{n+1,k}$ jetzt mit S_k bezeichnen und zur Abkürzung

(7) $\qquad L_{n+1}(T) L^{-1} = Q^{-1}, \qquad L = \prod_{l=r}^{1} S_l$

setzen, erhalten wir als definierende Relation von $\mathfrak{W}_{qr}$ in den Erzeugenden T_k und S_l neben den Gleichungen (3) und (4)

(8) $\qquad R_{n+1,0} = T_1^{-1} \prod_{l=q}^{1} S_l$

und

(9) $\qquad R_{n+1,k} = S_{k+r}^{-1} Q S_k Q^{-1} \qquad (k = 1, 2, \ldots, q).$

Aus (9) folgt

(9a) $\qquad S_k = Q^q S_k Q^{-q}.$

Wir werden jetzt zeigen, daß man S_1 durch Q und L_{n+1} ausdrücken kann. Zu diesem Zweck beachten wir, daß nach (7)

(10) $\qquad S_{k+tr} = Q^t S_k Q^{-t}$

ist und daher unter Beachtung von (7)

$$S_{r+tr} S_{r-1+tr} \ldots S_{1+tr} = Q^t L Q^{-t},$$

$$S_{tr} S_{tr-1} \ldots S_{tr-r+1} S_{(t-1)r} \ldots S_1 = \prod_{l=t-1}^{0} Q^l L Q^{-l} = Q^t (Q^{-1} L)^t = Q^t L_{n+1}^t.$$

Nun sei

(11)
$$a = \varrho r = \varkappa q + 1;$$

dann ist einerseits

$$\prod_{i=a}^{1} S_i = Q^\varrho L_{n+1}^\varrho$$

und andererseits

$$\prod_{i=a}^{1} S_i = S_1 \left(\prod_{i=q}^{1} S_i \right)^\varkappa = S_1 T_1^\varkappa.$$

Also ist

(12)
$$S_1 = Q^\varrho L_{n+1}^\varrho T_1^{-\varkappa}.$$

Nunmehr betrachten wir Gleichung (7) als Definition der neuen Erzeugenden Q und eliminieren dafür die Erzeugenden S_i. Zunächst können wir, da wegen (10) und (11)

$$S_{k+1} = Q^\varrho S_k Q^{-\varrho}$$

ist,
$$S_l = Q^{l\varrho} S_1 Q^{-l\varrho} \qquad (l = 2, 3, \ldots, q)$$

setzen. Führen wir diese Ausdrücke in $R_{n+1,k}$ ein, so entstehen Relationen, die aus (9a) mit $k = 1$ folgen. Somit ergeben sich als definierende Relationen aus (7), (8), (9)

(13)
$$R'_1 = T_1^{-1} Q^q (Q^{-\varrho} S_1)^q, \qquad R'_2 = Q^{r\varrho-1} (Q^{-\varrho} S_1)^r L_{n+1}^{-1},$$

(14)
$$R'_3 = S_1^{-1} Q^q S_1 Q^{-q}.$$

Nun eliminieren wir noch S_1 mittels (12) aus (13) und (14). Indem man beachtet, daß L_{n+1} und T_1 nach (3) und (4) vertauschbar sind, erhält man aus (13)

$$Q^{q\varrho} = L_{n+1}^{-\varrho q} T_1^{\varkappa q+1}, \qquad Q^{r\varrho-1} = L_{n+1}^{-\varrho r+1} T_1^{\varkappa r}$$

oder unter Beachtung von (11)

$$Q^{q\varrho} = \left(L_{n+1}^{-q} T_1^r \right)^\varrho, \qquad Q^{q\varkappa} = \left(L_{n+1}^{-q} T_1^r \right)^\varkappa.$$

Diese beiden Gleichungen lassen sich durch die eine

(15)
$$Q^q = L_{n+1}^{-q} T_1^r$$

ersetzen. Wegen (15) ist auch (14) erfüllt.

Für $r < 0$ laufen die Rechnungen analog. Wir erhalten daher: Die Gruppe des Parallelknotens $\mathfrak{k}_{qr}$ wird durch die Elemente T_k $(k = 1, 2, \ldots, n)$ und Q mit den definierenden Relationen

(16)
$$\begin{cases} R_i(T_k) = T_{i+1}^{-1} T_{\lambda(i)}^{\varepsilon_i} T_i T_{\lambda(i)}^{-\varepsilon_i}, & (i = 1, 2, \ldots, n) \\ R(Q, T_k) = Q^{-q} L_{n+1}^{-q} T_1^r \end{cases}$$

erzeugt.

Die $R_i(T_k)$ entstehen aus den Relationen 3, 3 (2) der Gruppe des Ausgangsknotens, indem man für die S_k je T_k setzt. L_{n+1} ist durch (2*) erklärt. T_{n+1} ist gleich T_1.

§ 12. Die Gruppe der Torusknoten.

Aus dem Ergebnis von 3, 11 ergibt sich die Gruppe der Torusknoten als Spezialfall. Als Träger des Schlauches legen wir den doppelpunktfrei projizierten Kreis zugrunde, dann wird die Gruppe des Torusknotens aus q Fäden mit der Verdrillungszahl r erzeugt von Q und T_1, da $L_{n+1}(T) = 1$ wird, mit der einen Relation $R = Q^{-q} T_1^r$.

Über die Struktur dieser Gruppen (*32*) läßt sich das Folgende leicht feststellen: $Q^q = T_1^r$ ist mit allen Elementen der Gruppe vertauschbar, und ist Z irgendein Element, das mit sämtlichen Elementen der Gruppe vertauschbar ist, so ist $Z = Q^{kq}$ ($k = 0, \pm 1, \ldots$). Die von $Q^q = T_1^r$ erzeugte Untergruppe ist also das Zentrum $\mathfrak{Z}$ von $\mathfrak{W}$. Die Faktorgruppe $\mathfrak{F} = \mathfrak{W}/\mathfrak{Z}$ ist eine Gruppe mit den Erzeugenden Q, T_1 und den definierenden Relationen

$$R_1 = Q^q, \qquad R_2 = T_1^r.$$

Sie ist das freie Produkt ihrer beiden von Q bzw. T_1 erzeugten Untergruppen. Die weiteren Möglichkeiten, $\mathfrak{F}$ als freies Produkt von endlichen zyklischen Untergruppen darzustellen, lassen sich leicht übersehen. Die einzigen Elemente endlicher Ordnung von $\mathfrak{F}$ sind nämlich

$$W Q^i W^{-1}, \qquad W T_1^k W^{-1}.$$

(W beliebig; $i = 1, 2, \ldots, q - 1$; $k = 1, 2, \ldots, |r| - 1$)

Daraus folgert man, daß die teilerfremden Zahlen q und $|r|$, als Maximalordnungen der Elemente endlicher Ordnung, für $\mathfrak{F}$ und damit für $\mathfrak{W}$ charakteristische Zahlen sind. Ferner lassen sich die Automorphismen von $\mathfrak{F}$ und damit die von $\mathfrak{W}$ angeben; letztere haben die Form

$$(1) \qquad Q' = W Q^\varepsilon W^{-1}, \quad T_1' = W T_1^\varepsilon W^{-1}. \qquad (W \text{ beliebig}; \ \varepsilon = \pm 1)$$

Diese Tatsachen kann man zu einer vollständigen Klassifikation der Torusknoten verwenden. Es ist leicht zu sehen, daß zwei gleichsinnig verdrillte Torusknoten mit $q = a$, $|r| = b$ und $q = b$ und $|r| = a$ isotop sind. Folglich *sind zwei gleichsinnig verdrillte Torusknoten aus q bzw. q' Fäden mit der Verdrillungszahl r bzw. r' dann und nur dann isotop, wenn $q = q'$ und $r = r'$ oder wenn $q = |r'|$ und $|r| = q'$ ist.*

Um die Klassifizierung der Torusknoten zu Ende zu führen, wollen wir noch zeigen, daß auch die in verschiedenem Sinne verdrillten Knoten mit gleichen Zahlenpaaren q, $|r|$ nicht isotop sind (*16*; *32*). Da der zu q, r gehörige rechtsverdrillte Knoten $\mathfrak{k}$ das Spiegelbild des linksverdrillten Knotens mit q, $-r$ ist, so besagt unsere Behauptung auch, daß *alle Torusknoten nicht amphicheiral* sind.

Aus der Definition von T_1 in **3**, 11 (1) folgt, daß bei einem Torusknoten das in **3**, 4 (2) erklärte Element $L_{n+1} = T_1^r = Q^{-q}$ ist, daß also die den Elementen $W Q^q W^{-1} = Q^q$ entsprechende Homotopieklasse durch einen Parallelweg zum Torusknoten repräsentiert werden kann.

Wir behaupten nun, daß Q^q, durch eine solche Parallelkurve $\mathfrak{p}$ repräsentiert, dem Knoten einen bestimmten Richtungssinn verleiht, daß also Q^q nicht in einen invers gerichteten Parallelweg deformiert werden kann.

Die sämtlichen zu mit $\mathfrak{p}$ gleichgerichteten Parallelwegen gehörigen Klassen von Gruppenelementen werden durch

$$Q^q S^l \qquad (l = 0, \pm 1, \dots)$$

und die sämtlichen zu invers zu $\mathfrak{p}$ gerichteten Parallelwegen gehörigen Klassen durch

$$Q^{-q} S^l \qquad (l = 0, \pm 1, \dots)$$

repräsentiert, wo S irgendein Element **3**, 3 (1) der Gruppe ist (**3**, 9).

Wäre also $\mathfrak{p}$ in einen invers gerichteten Längsweg deformierbar, so müßte in der Gruppe $\mathfrak{W}$

$$Q^q = W Q^{-q} S^k W^{-1},$$

also, da Q^q mit allen Elementen vertauschbar ist, $W S^k W^{-1} = Q^{2q}$ sein. Andererseits können wir nach **3**, 11 (12) S gleich $Q^\varrho T_1^{-\varkappa}$ wählen, $L_{n+1}(T)$ in **3**, 11 (12) ist ja hier gleich der Identität; in $\mathfrak{F} = \mathfrak{W}/\mathfrak{Z}$ erhalten wir also, daß $(Q^\varrho T_1^{-\varkappa})^k$ das Einheitselement darstellt. Das widerspricht aber der Tatsache, daß $\mathfrak{F}$ das freie Produkt der von Q bzw. T_1 erzeugten Untergruppen ist.

Der Beweis unserer Behauptung folgt nun so: Ließe sich $\mathfrak{k}$ in sein Spiegelbild $\mathfrak{k}'$ deformieren, so müßte es eine Abbildung $\mathfrak{T}$ des euklidischen Raumes geben, die $\mathfrak{k}$ in sich überführt und den Schraubungssinn des Raumes umkehrt — nämlich die aus einer der Deformation von $\mathfrak{k}$ in $\mathfrak{k}'$ entsprechende Abbildung des euklidischen Raumes auf sich und der Spiegelung, welche $\mathfrak{k}'$ nach $\mathfrak{k}$ überführt, zusammengesetzte Abbildung. Eine solche Abbildung existiert aber nicht. Es sei nämlich

$$A(Q) = Q', \qquad A(T_1) = T_1'$$

der irgendeiner Abbildung $\mathfrak{T}$ von $\mathfrak{k}$ auf sich entsprechende Automorphismus. Alsdann ist nach (1)

$$Q' = W Q^\varepsilon W^{-1}, \qquad T_1 = W T_1^\varepsilon W^{-1}. \qquad (\varepsilon = \pm 1)$$

Ist hierin $\varepsilon = +1$, so wird der gerichtete Knoten $\mathfrak{k}$ unter Erhaltung des Richtungssinns auf sich abgebildet; denn Q^q, die etwa mit dem Knoten gleichgerichtete Parallelkurve des Knotens, geht in $Q'^q = Q^q$, also in sich über, und die Kurven, welche $\mathfrak{k}$ einmal im positiven Sinne umschlingen, gehen wieder in solche über, da die Restklasse $\mathfrak{K} Q^\varrho T_1^{-\varkappa}$ nach der Kommutatorgruppe $\mathfrak{K}$ in sich übergeht. Mithin muß die zugehörige Abbildung den Schraubungssinn erhalten. Ist aber $\varepsilon = -1$, so wird die gerichtete Kurve $\mathfrak{k}$ unter Umkehrung des Umlaufssinnes auf sich abgebildet; aber gleichzeitig die einmal positiv umschlingenden Kurven in die einmal negativ umschlingenden, und der Schraubungssinn bleibt also wieder erhalten.

§ 13. Das L-Polynom von Parallelknoten.

Nach der gruppentheoretischen Deutung des L-Polynoms kann man das Rechnen mit Gruppen für die Berechnung des L-Polynoms auswerten.

Wir geben hier die Berechnung des L-Polynoms für Parallelknoten, an **3**, 11 anknüpfend, wieder *(14)*.

An Stelle der T_i führen wir neue Erzeugende $T_i = E_i T_1$ ein und ersetzen formal $T_1^l E_i T_1^{-l}$ durch E_{il} ($i = 1, 2, \ldots, n$; $l = 0, \pm 1, \ldots$). Macht man die T_i vertauschbar, so folgt aus $R(Q, T_k)$ in **3**, 11 (16)

$$(1) \qquad Q^q = T_1^{q\,\omega+r} \quad \text{mit} \quad \sum_{i=1}^{q} - \varepsilon_i = \omega\,.$$

Daher ist in $\mathfrak{W}_{qr}$

$$(2) \qquad Q^q = W(E_{il})\, T_1^{q\,\omega+r}\,.$$

Aus **3**, 11 (1) folgt, daß T_1 in die Restklasse $\mathfrak{K}_{qr} S^q$ der Kommutatorgruppe $\mathfrak{K}_{qr}$ von $\mathfrak{W}_{qr}$ gehört, wo S ein einmal umschlingendes Element bedeutet, und aus (2) folgt, daß Q in die Restklasse $\mathfrak{K}_{qr} S^{q\,\omega+r}$ fällt. Da q und r relativ prim sind, können Q und T_1 durch ein Paar primitiver Elemente E_{n+1} und S_1 aus der freien von Q und T_1 erzeugten Gruppe derart ersetzt werden, daß E_{n+1} zu $\mathfrak{K}_{qr}$ und S_1 zu $\mathfrak{K}_{qr} S$ gehört. Alsdann ist

$$(3) \qquad Q = Q(E_{n+1}, S_1) = W_1(E_{n+1,l})\, S_1^{q\,\omega+r}$$

und

$$(4) \qquad T_1 = T_1(E_{n+1}, S_1) = W_2(E_{n+1,l})\, S_1^{q}$$

mit $\qquad\qquad E_{n+1,l} = S_1^l E_{n+1} S_1^{-l}\,.$ $\qquad\qquad (l = 0, \pm 1, \ldots)$

Um $\mathfrak{K}_{qr}(x)$ zu bilden, haben wir

$$S_1 E_i S_1^{-1} = E_i^x \qquad (i = 1, 2, \ldots, n+1)$$

zu setzen, die E_i^x vertauschbar zu machen und die Gestalt der neuen Matrix festzustellen.

Da

$$E_{il} = T_1^l E_i T_1^{-l} = W_3(E_{n+1,l})\, S^{lq} E_i S^{-lq} W_3^{-1}(E_{n+1,l}) \quad (i = 1, 2, \ldots, n),$$

ist in $\mathfrak{K}_{qr}(x)$ $\qquad\qquad E_{il} = E_i^{x^{lq}}\,.$

Also erhält man nach **3**, 6 aus den Relationen **3**, 11 (16) die zu $\mathfrak{K}_{qr}(x)$ gehörige Exponentenmatrix, wenn man in der Exponentenmatrix der Gruppe $\mathfrak{K}(x)$ des ursprünglichen Knotens x durch x^q ersetzt und eine neue E_{n+1} entsprechende Spalte und eine der neuen Relation $R(Q,T_i)$ entsprechende Zeile hinzunimmt. Nur in der neuen Zeile tritt E_{n+1} wirklich auf.

Nun folgt aus (2) unter Benutzung von (3) und (4)

$$W(E_{il})\, T_1^{q\omega+r} Q^{-q} = W(E_{il}) \cdot \{W_2(E_{n+1,l})\, S_1^q\}^{q\omega+r} \{W_1(E_{n+1,l})\, S_1^{q\omega+r}\}^{-q};$$

der Exponent von E_{n+1} ist also von $W(E_{il})$ unabhängig, da hierin der Index i nur von 1 bis n läuft. Aus der Definition von W_1 und W_2 in (3) und (4) folgt ferner: Der Exponent von E_{n+1} ist das L-Polynom eines Torusknotens aus q Fäden mit der Verdrillungszahl $q\omega + r$. Ist also $F(x)$ das Polynom von $\mathfrak{k}$ und $P_{q\omega+r,q}(x)$ das dieses Torusknotens, so ist das zu $\mathfrak{k}_{qr}$ gehörige Polynom

$$(5) \qquad\qquad F_{qr}(x) = F(x^q) \cdot P_{q\omega+r,q}(x).$$

Die Berechnung von $P_{q\omega+r,q}(x)$ liefert ein Kreisteilungspolynom

$$P_{q\omega+r,q}(x) = \frac{\{x^{q(q\omega+r)} - 1\}\,(x - 1)}{(x^q - 1)\,\{x^{(q\omega+r)} - 1\}}.$$

Mittels (5) kann man die Zahlen q, $q\omega + r$ eines Parallelknotens als Invarianten erkennen, wenn $F(x)$ einen Faktor $Q(x) \neq 1$ besitzt, der nicht Kreisteilungspolynom ist. (5) liefert ferner eine Berechnungsvorschrift des Polynoms von Schlauchknoten. Aus diesen Polynomen gelingt es für die gleichsinnig verdrillten Schlauchknoten s-ter Stufe, die für den Aufbau dieser Knoten nach **1, 8** charakteristische Zahlenreihe q_i, r_i $(i = 1, 2, \ldots, s)$ abzulesen und somit diese Knoten vollständig zu klassifizieren (*14*).

§ 14. Einige spezielle Knotengruppen.

Die in **3,** 12 benutzte Erzeugende T_1 für die Gruppe der Torusknoten läßt sich nach **3,** 11 durch einen Weg repräsentieren, welcher den Torus, auf dem der Knoten liegt, einmal umschlingt. Entsprechende Erzeugende lassen sich für Knoten einführen, welche auf solchen Flächen von höherem Geschlecht p liegen, die von den Geraden eines Parallelbüschels in höchstens zwei Punkten getroffen werden. Bei solchen Knoten gibt es immer ein System von $p + 1$ Erzeugenden, von denen p Wegen entsprechen, die diese Fläche umschlingen. Ein Knoten, dessen Projektion m endliche schwarze Gebiete bestimmt, läßt sich immer auf eine Fläche der genannten Art vom Geschlecht m legen. Von den $m + 1$ genannten Erzeugenden sind hier dann m die den schwarzen Gebieten durch **3,** 3 (5) zugeordneten Elemente T_i, und die letzte Erzeugende entspricht irgendeinem Weg, der den in **3,** 9 erklärten Zylinder z nur einmal durchsetzt.

Mittels dieser Erzeugenden läßt sich z. B. die Gruppe $\mathfrak{W}_2$ für alternierende Brezelknoten und die Gruppe $\mathfrak{W}_2^*$, die aus $\mathfrak{W}_2$ durch Hinzunahme der Relation $H = S^2 = 1$ entsteht, leicht aufstellen (*27*).

Liegen auf den drei Zweierzopfteilen des Brezelknotens bzw. a_i ($i = 1$, 2, 3) Überkreuzungen, so hat $\mathfrak{W}_2^*$ in geeigneten Erzeugenden U_i ($i = 1$, 2, 3) die definierenden Relationen

$$(1) \qquad R_1 = U_1^{a_1} U_2^{-a_2}, \qquad R_2 = U_1^{a_1} U_3^{-a_3}, \qquad R_3 = U_1 U_2 U_3.$$

Falls alle $a_i > 1$ sind, erzeugen $U_1^{a_1} = U_2^{a_2} = U_3^{a_3}$ das Zentrum $\mathfrak{Z}$ von $\mathfrak{W}_2^*$; die Faktorgruppe $\mathfrak{F} = \mathfrak{W}_2^*/\mathfrak{Z}$ läßt sich durch eine ebene diskontinuierliche Transformationsgruppe darstellen; die a_i ergeben sich als charakteristische Zahlen für $\mathfrak{F}$ und damit für den zugehörigen Knoten. Da alternierende Brezelknoten mit gleichen Zahlentripeln a_i (unabhängig von der Reihenfolge) isotop sind, ist die vollständige Klassifikation der Knoten mit $a_i > 1$ auf die Frage zurückgeführt, welche dieser Knoten amphicheiral sind.

Ferner erleichtert sich die Berechnung des L-Polynoms für alternierende Brezelknoten, wenn man die Erzeugenden in der oben angegebenen Weise wählt (*29*). Hierbei sind zwei Fälle wesentlich zu unterscheiden, je nachdem $a_1 + a_2 + a_3$ gerade (Fall 1) oder ungerade (Fall 2) ist. Wir beschränken uns auf die Knoten mit $a_3 = 1$. Alsdann ist im Fall 1 sowohl a_1 wie a_2 ungerade. Setzen wir

$$a_i = 2\alpha_i + 1 \ (i = 1, 2), \qquad \beta = (\alpha_1 + 1)(\alpha_2 + 1),$$

so ist

$$(2) \qquad L(x) = -\beta + (2\beta + 1)x - \beta x^2.$$

In Fall 2 sei etwa a_1 gerade gleich $2\alpha_1$ und a_2 ungerade. Das L-Polynom hat den Grad $g = a_2 + 1$, und es ist

$$(3) \qquad L(x) = \alpha_1 + \alpha_1 x^g + (a_1 + 1) \sum_{i=1}^{g-1} (-x)^i.$$

Im Fall 2 ergeben sich also a_1 und a_2 als Knoteninvarianten, im Fall 1 dagegen nur β, das auch aus der Torsionszahl zweiter Stufe bestimmt werden kann.

Für den Viererknoten ($a_1 = 2$, $a_2 = a_3 = 1$) ist die Kommutatorgruppe eine freie Gruppe mit zwei Erzeugenden; infolgedessen läßt sich das Wortproblem in der Gruppe des Viererknotens lösen (*29*). Die Automorphismengruppe der Viererknotengruppe verdient besondere Beachtung, weil der Viererknoten amphicheiral ist (*16*; *23*).

Noch ein weiteres Beispiel. Nehmen wir für unsere speziellen Knoten an, daß sich infolge der Relationen 8, 3 (2) alle S_i bis auf zwei, S und S', sukzessive eliminieren lassen, und daß somit nur eine Relation

$$R(S, S') = L S L^{-1} S'^{-1} \ \text{mit} \ L = L(S, S')$$

übrigbleibe. An Stelle von S' führen wir $K = S' S^{-1}$ ein und erhalten dann

$$(4) \qquad R(S, K) = LSL^{-1}S^{-1}K^{-1} \ \text{mit} \ L = L(S, K)$$

als neue definierende Relation. Wir wollen nun zeigen: Nimmt man noch die Relation $S^2 = 1$ hinzu, so entsteht aus $\mathfrak{W}$ eine Gruppe $\mathfrak{W}^*$, die zu einer Diedergruppe einstufig isomorph ist. Aus (4) folgt nämlich

$$(5) \qquad KSKS = LSL^{-1}S^{-1} \cdot SLSL^{-1}S^{-1} \cdot S = LS^2L^{-1}.$$

Ist also $S^2 = 1$, so können wir alle Elemente entweder in die Form K^i oder in die Form SK^i bringen. Wenn wir nun $L = K^{\pm c}$ oder $L = SK^{\pm c}$ setzen, so folgt

$$(6) \qquad S^{2c+1} = 1.$$

Wir können hierin $2c + 1$ größer als Null annehmen; $2c + 1$ ist alsdann die Torsionszahl zweiter Stufe dieser Knoten, wenn c größer als Null ist. Beispiele für solche Knoten liefern die in **1**, 6 erklärten Viergeflechte und die Brezelknoten mit $a_3 = 1$, die sich ja nach **1**, 6 in Viergeflechte deformieren lassen (*30*).

Hat ein Knoten $\mathfrak{k}$ zwei Bestandteile $\mathfrak{k}_1$ und $\mathfrak{k}_2$, so ist die Gruppe von $\mathfrak{k}$ einstufig isomorph aus einem gewissen freien Produkt der Gruppen $\mathfrak{W}_i$ von $\mathfrak{k}_i$ $(i = 1, 2)$ mit einer vereinigten Untergruppe (*33*); die vereinigten Untergruppen sind dabei unendliche zyklische Gruppen, die von je einem der in **3**, 3 (1) erklärten Elemente $S^{(1)}$ bzw. $S^{(2)}$ aus $\mathfrak{W}_1$ bzw. $\mathfrak{W}_2$ erzeugt werden.

Um Verkettungen näher zu untersuchen, betrachtet man zweckmäßig die Faktorgruppen höherer Kommutatorgruppen (*1*). So läßt sich z. B. erkennen, daß Viergeflechtsverkettungen mit der Verschlingungszahl Null, für die dann auch die in **2**, 1 erklärte Verkettungszahl Null ist, (Fig. 16) aus verketteten Kurven bestehen.

§ 15. Eine spezielle Überlagerung.

Aus jeder Permutationsgruppe $\mathfrak{P}$, welche zu der Gruppe $\mathfrak{W}$ eines Knotens isomorph ist, kann man nach **3**, 10 einen zugehörigen Überlagerungsraum Y konstruieren, dessen Eigenschaften für den Knoten charakteristisch sind. Ein Beispiel einer solchen Überlagerung betrachten wir noch für die Knoten, deren Gruppe sich durch zwei Elemente K, S mit der definierenden Relation **3**, 14 (4) erzeugen läßt (*30*).

Ist das durch **3**, 14 (5) erklärte $2c + 1 \neq 1$, so mögen K und S bzw. die Permutationen

$$\pi^* = \begin{pmatrix} 1, 2, \ldots, 2c + 1 \\ 2, 3, \ldots, 1 \end{pmatrix},$$

$$\pi_1 = \begin{pmatrix} 1 \\ 1 \end{pmatrix}\begin{pmatrix} 2 & , 2c + 1 \\ 2c + 1, 2 \end{pmatrix}\begin{pmatrix} 3 & , 2c \\ 2c, 3 \end{pmatrix} \ldots \begin{pmatrix} c + 1, c + 2 \\ c + 2, c + 1 \end{pmatrix}$$

entsprechen. π^* und π_1 erzeugen offenbar eine Diedergruppe $\mathfrak{P}$. Man denke sich nun die den Erzeugenden **3**, 3 (1) entsprechenden Permutationen π_i $(i = 2, 3, \ldots, n)$ berechnet und nach der Vorschrift von **3**, 10 eine Überlagerung Y konstruiert. Wir behaupten: *In Y liegen* $c + 1$

Kurven $\mathfrak{k}^{(i)}$ *über unserem Knoten* $\mathfrak{k}$. Ist nämlich $\mathfrak{w}$ ein Weg, der das S_1 entsprechende Flächenstück z_1 des Zylinders im Außenraum A einmal durchsetzt, und A ein Punkt auf $\mathfrak{w}$, so gibt es in dem Überlagerungsraum $2c + 1$ Punkte $A^{(1)}, \ldots, A^{(2c+1)}$ über A und $c + 1$ verschiedene geschlossene Kurven über $\mathfrak{w}$: Gehe ich nämlich von $A^{(1)}$ aus über $\mathfrak{w}$ längs des Weges $\mathfrak{w}^{(1)}$, so kehre ich nach einmaliger Überlagerung von $\mathfrak{w}$ nach $A^{(1)}$ zurück. Gehe ich von einem anderen Punkt $A^{(i)}$ aus, so kehre ich erst nach zweimaliger Überlagerung von $\mathfrak{w}$ zum Ausgangspunkt zurück. Dabei sind aber die Kurven, die man von $A^{(2)}$ und $A^{(2c+1)}$, $A^{(3)}$ und $A^{(2c)}$ usw. ausgehend beschreibt, dieselben. Wir wollen sie $\mathfrak{w}^{(2)}, \ldots, \mathfrak{w}^{(c+1)}$ nennen.

Nun entstehen $\pi_2, \ldots, \pi_n$ aus π_1 durch Transformation mit π^*, sie sind also analog gebaut, und man kann daher über jedem Weg $\mathfrak{w}$, der irgendein Zylinderstück z_i durchsetzt, gerade solche $c + 1$ Überlagerungskurven konstruieren. Jede der Transpositionen eines π_i geht bei dieser Transformation aber aus einer ganz bestimmten Transposition von π_1 hervor, und wenn man daher $\mathfrak{w}$ längs des ganzen Knotens so entlang schiebt, daß er einen verknoteten Torus mit $\mathfrak{k}$ als Seele beschreibend in seine Ausgangslage zurückkehrt, so beschreiben auch die $c + 1$ mitwandernden Überlagerungskurven $c + 1$ getrennte Tori, die sich schließen, wenn $\mathfrak{w}$ seine Ausgangslage wieder erreicht. Die Kurve über $\mathfrak{k}$, die der Weg $\mathfrak{w}^{(i)}$ einmal umschließt, wollen wir $\mathfrak{k}^{(i)}$ nennen.

Die Wegegruppe $\mathfrak{F}$ von Y mit dem Aufpunkt $A^{(1)}$ ist nach **3**, 10 zu einer bestimmten Untergruppe $\mathfrak{U}_1$ von $\mathfrak{W}$ einstufig isomorph. $\mathfrak{U}_1$ besteht dabei aus denjenigen Elementen von $\mathfrak{W}$, welchen solche Permutationen aus $\mathfrak{P}$ entsprechen, die die Ziffer 1 in sich überführen. Das Einheitselement und K^l ($l = 1, 2, \ldots, 2c$) sind ein volles Repräsentantensystem der Restklassen nach $\mathfrak{U}_1$. Das in **3**, 6 zitierte Verfahren zur Bestimmung von Untergruppen (*27*; *33*) liefert daher als Erzeugende von $\mathfrak{U}_1$ und damit von $\mathfrak{F}$

$$(1) \qquad U_i = K^i S K^{-m_i}, \quad U_{2c+1} = K^{2c+1} \qquad (i = 0, 1, \ldots, 2c)$$

und als definierende Relationen

$$(2) \qquad K^i R (S_1 K) K^{-i} = R_i(U). \qquad (i = 0, 1, \ldots, 2c)$$

Hierin ist $m_i = 2c + 1 - i$.

$\mathfrak{F}$ *ist die Gruppe einer Verkettung von* $c + 1$ *Kurven.* Um dies zu zeigen, führen wir an Stelle von (1) neue Erzeugende ein, und zwar solche, welche Kurven entsprechen, die nur je eine der Überlagerungskurven des Knotens je einmal umschlingen.

Die Erzeugende S hat bereits diese Eigenschaft. Statt der übrigen, behaupten wir, können wir gewisse endlich viele Elemente

$$(3) \qquad Q_i S^2 Q_i^{-1} \qquad (i = 1, 2, \ldots, r)$$

als Erzeugende einführen. Alle Elemente der Form (3) gehören jedenfalls zu $\mathfrak{F}$, da die zugehörigen Permutationen wegen $\pi_1^2 = 1$ alle gleich der Identität sind.

Weiterhin aber folgt in $\mathfrak{W}$ nach **3**, 14 (5) aus $S^2 = 1$ ja $K^{2c+1} = 1$, $KSKS = 1$ und also auch

$$K^{i+1} S K^{i+1} K^{-i} S K^{-i} = 1. \qquad (i = 1, 2, \ldots, c - 1)$$

Diese Ausdrücke lassen sich also als Produkte von Transformierten von S^2 und von Transformierten der Relationen (2) schreiben. Die letzteren sind in der Knotengruppe gleich 1, und wenn wir sie fortlassen, so erhalten wir

$$K^{i+1} S K^{i+1} K^{-i} S K^{-i}$$

und K^{2c+1} durch endlich viele $Q_i S^2 Q_i^{-1}$ ausgedrückt.

Diese Gleichungen gelten natürlich auch wie alle Relationen von $\mathfrak{W}$ in $\mathfrak{F}$, und führen wir einerseits diese $Q_i S^2 Q_i^{-1}$ und andererseits

$$K^{-k} S^2 K^k \qquad (k = 1, 2, \ldots, c)$$

als weitere Erzeugende ein, so lassen sich nacheinander aus $KSKS$, S und $K^{-1} S^2 K$ zunächst KSK und dann $K^{-1} S K^{-1}$, aus $K^2 S K^2 K^{-1} S K^{-1}$ und $K^{-2} S^2 K^2$ sodann $K^2 S K^2$ und dann $K^{-2} S K^{-2}$ bestimmen usf., und so offenbar aus den neuen eben angegebenen Erzeugenden $Q_i S^2 Q_i^{-1}$, $K^{-k} S^2 K^k$, S und $[K^{2c+1}]$ alle Erzeugenden (1) darstellen; schließlich kann noch $[K^{2c+1}]$ eliminiert werden.

Nun lassen sich aber sogleich gewisse Relationen zwischen den neuen Erzeugenden angeben. Gehört Q_1 zu der durch K^{q_1} repräsentierten Restklasse nach $\mathfrak{F}$, so ist

$$Q_1 S^2 Q_1^{-1} = Q_1 K^{-q_1} K^{q_1} S^2 K^{-q_1} K^{q_1} Q_1^{-1} = Q_1^* K^{q_1} S^2 K^{-q_1} Q_1^{*-1},$$

wo Q_1^* zu $\mathfrak{F}$ gehört. Ist nun

$$Q_2 S^2 Q_2^{-1}$$

ein Element, für das Q_2 zur gleichen Restklasse gehört, so sieht man, daß bei geeignetem Q_2^* aus $\mathfrak{F}$

$$Q_2 S^2 Q_2^{-1} = Q_2^* Q_1^{*-1} Q_1 S^2 Q_1^{-1} Q_1^* Q_2^{*-1}$$

ist. Aber es läßt sich auch ferner einsehen, daß in $\mathfrak{F}$

$$Q_1 S^2 Q_1^{-1} = M Q_2 S^2 Q_2^{-1} M^{-1}$$

gilt, wo M zu $\mathfrak{F}$ gehört, wenn Q_1 zur Restklasse $\mathfrak{F} K^q$ und Q_2 zur Restklasse $\mathfrak{F} K^{-q}$ gehört, denn es ist

$$K^q S^2 K^{-q} = K^q S K^q \cdot K^{-q} S^2 K^q \cdot K^{-q} S^{-1} K^{-q}.$$

Nehmen wir nun also die $c + 1$ Kurven über dem Knoten $\mathfrak{k}$ zum Überlagerungsraum hinzu, so müssen wir gewiß $S = 1$ und $K^i S^2 K^{-i} = 1$ ($i = 1, 2, \ldots, c$) setzen, und aus den eben gemachten Feststellungen folgt dann tatsächlich, daß die resultierende Gruppe die Identität wird.

Vermutlich lassen sich also alle geschlossenen Kurven von Y so deformieren, daß sie ganz innerhalb einer bestimmten Zelle verlaufen. Es lassen sich insbesondere die Kurven $\mathfrak{k}^{(i)}$ über $\mathfrak{k}$ und alle Kurven, die den Erzeugenden von $\mathfrak{F}$ entsprechen, so deformieren, folglich ist die Gruppe $\mathfrak{F}$ tatsächlich die einer Verkettung. Löscht man alle Kurven $\mathfrak{k}^{(i)}$ bis auf $\mathfrak{k}^{(1)}$, so werden alle Erzeugenden bis auf S gleich 1. Man darf also vermuten, daß $\mathfrak{k}^{(1)}$ unverknotet ist.

Beispiele für Knoten mit Erzeugenden S, K und einer definierenden Relation 3, 14 (4) sind die in 1, 6 angegebenen Viergeflechte. Einer näheren ertragreichen Untersuchung sind die alternierenden Viergeflechte zugänglich. Hier ergibt sich, daß die Gruppen der Kurven $\mathfrak{k}^{(i)}$ freie Gruppen mit einer Erzeugenden sind (*30*); die Verschlingungszahlen[1] $v_{il} = v_{li}$ je zweier orientierter $\mathfrak{k}^{(i)}$, $\mathfrak{k}^{(l)}$ sind gleich ± 2 oder 0; v_{i1} ist immer gleich ± 2.

Aus der Matrix (v_{il}) kann man neue Invarianten dieser Knoten ablesen. So z. B. die Reihe der Summen

$$\sum_{l=1}^{c+1} |v_{il}| = 2 v_i ,$$

die angeben, daß $\mathfrak{k}^{(i)}$ mit v_i Kurven verschlungen ist. Genauer spiegeln sich die Verschlingungsbeziehungen in einem Graphen mit $c + 1$ Punkten $P^{(i)}$ wieder, bei welchem je zwei $P^{(i)}$, $P^{(l)}$ immer und nur dann durch eine Strecke verbunden seien, wenn $v_{il} \neq 0$ ist.

Mit dem Invarianten v_i kann man zeigen, daß für die alternierenden Brezelknoten mit $a_1 = 2\alpha_1 + 1$, $a_2 = 2\alpha_2 + 1$, $a_3 = 1$ Überkreuzungen auf den Zweierzopfteilen a_1 und a_2 charakteristische Zahlen sind[1]. Daraus folgt, daß die Knoten 7_4 und 9_2 der Tabelle nicht isotop sind. Auch die Knoten 8_{14} und 9_8 lassen sich in Viergeflechte deformieren (Fig. 15) und mit Hilfe der v_i als nichtisotop nachweisen. Die v_i haben die folgenden Werte für

7_4: 7, 5, 5, 4, 4, 3, 2, 2
9_2: 7, 6, 5, 4, 4, 3, 2, 1
8_{14}: 15, 12, 10, 10, 9, 9, 8, 8, 8, 7, 7, 7, 6, 5, 4, 3
9_8: 15, 12, 10, 10, 9, 9, 9, 8, 8, 7, 7, 6, 6, 5, 5, 2.

Übrigens lassen sich auch die Knoten 9_{28} und 9_{29} durch Konstruktion einer geeigneten dreifachen Überlagerung als nichtisotop erkennen. Die Vorzeichen der v_{il} sind ebenfalls charakteristisch, wenn man die Orientierung von $\mathfrak{k}$ auf die Überlagerungskurven $\mathfrak{k}^{(i)}$ überträgt. Es ergibt sich hieraus eine Methode, spiegelbildliche alternierende Viergeflechte, also z. B. auch alternierende Torusknoten, als nichtisotop nachzuweisen. Für alternierende Torusknoten bilden die Kurven $\mathfrak{k}^{(i)}$ selber eine Torusverkettung.

---

[1] BANKWITZ, C.: Nicht veröffentlicht.

Knotentabelle.

Die Tabelle der folgenden Knotenprojektionen bis zu neun Überkreuzungen wurde der Arbeit von ALEXANDER und BRIGGS (5) entnommen. Verbessert wurden die Kurven 8_4 und 9_7, bei denen die Anzahl der Überkreuzungen nicht stimmte.

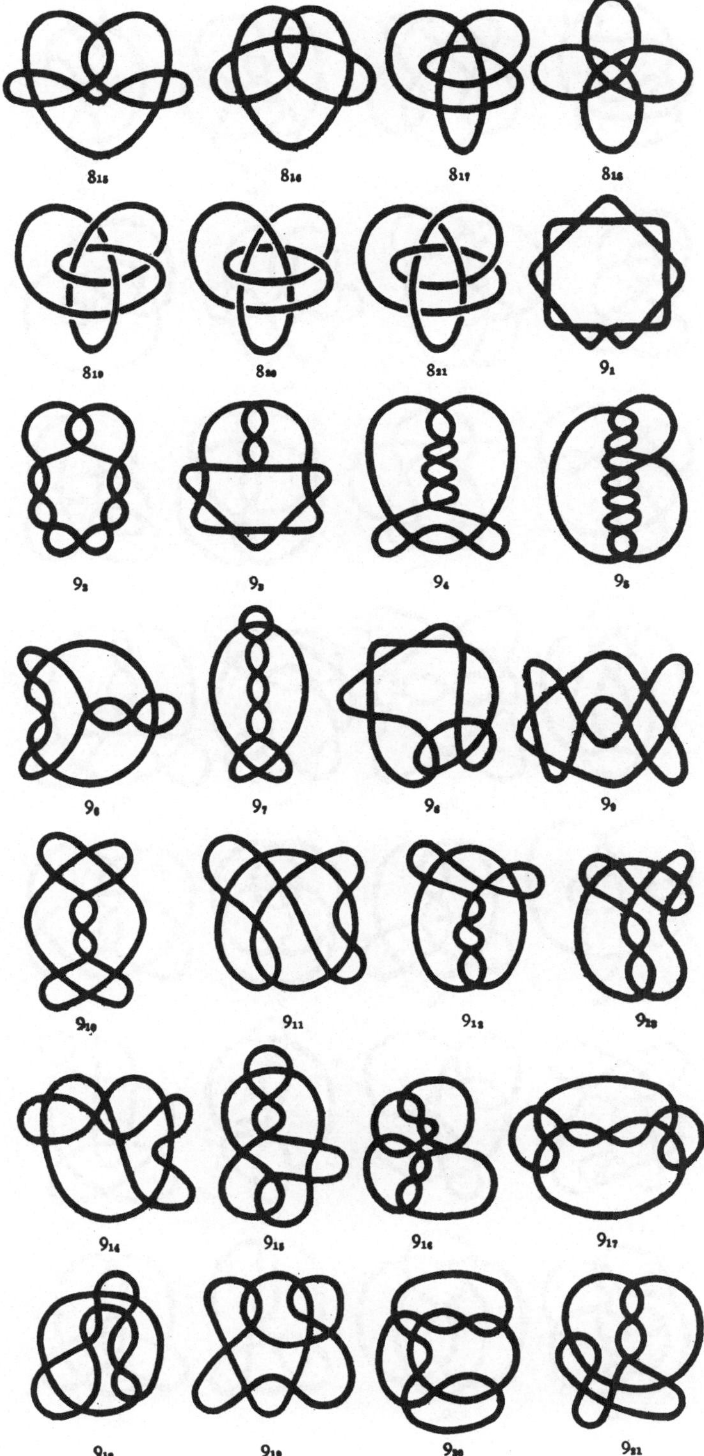

8_15   8_16   8_17   8_18
8_19   8_20   8_21   9_1
9_2   9_3   9_4   9_5
9_6   9_7   9_8   9_9
9_10   9_11   9_12   9_13
9_14   9_15   9_16   9_17
9_18   9_19   9_20   9_21

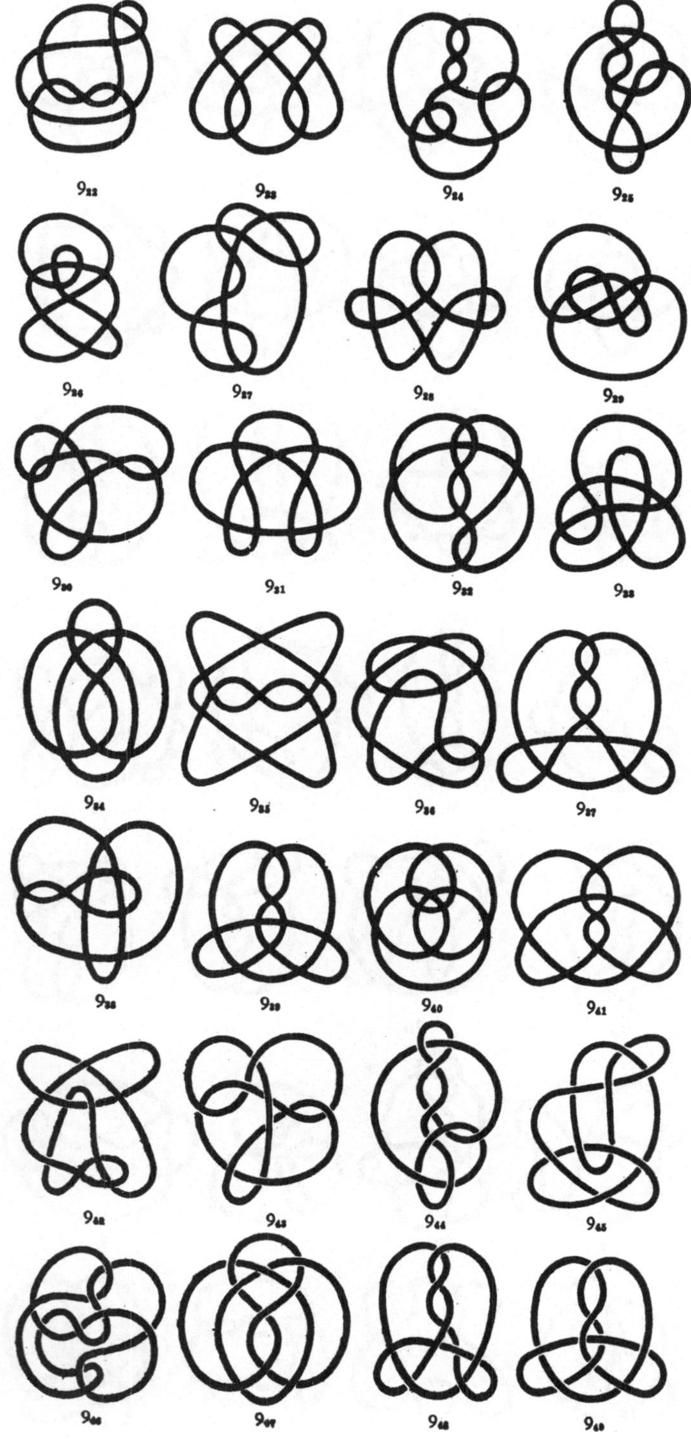

Literaturverzeichnis.

1. ADELSBERGER, H.: Über unendliche diskrete Gruppen. J. reine angew. Math. Bd. 163 (1930) S. 103.
2. ALEXANDER, J. W.: A Lemma on Systems of Knoted Curves. Proc. Nat. Acad. Sci. U. S. A. Bd. 9 (1923) S. 93.
3. — Topological Invariants of Knots and Links. Trans. Amer. Math. Soc. Bd. 30 (1928) S. 275.
4. — Note on Rieman Spaces. Bull. Amer. Math. Soc. Bd. 26 (1920) S. 370.
5. — u. G. B. BRIGGS: On Types of Knoted Curves. Ann. of Math. Bd. 28 (1926/27) S. 562.
6. ANTOINE, L.: Sur l'homéomorphie de deux figures et de leurs voisinages. J. Math. pures appl. (8) Bd. 4 (1921) S. 221.
7. ARTIN, E.: Theorie der Zöpfe. Abh. math. Semin. Hamburg. Univ. Bd. 4 (1926) S. 47.
8. BANKWITZ, C.: Über die Torsionszahlen der zyklischen Überlagerungsräume des Knotenaußenraumes. Ann. of Math. Bd. 31 (1930) S. 131.
9. — Über die Fundamentalgruppe des inversen Knotens und des gerichteten Knotens. Ann. of Math. Bd. 31 (1930) S. 129.
10. — Über die Torsionszahlen der alternierenden Knoten. Math. Ann. Bd. 103 (1930) S. 145.
11. BRAUNER, K.: Zur Geometrie der Funktionen zweier komplexen Veränderlichen. II. Das Verhalten der Funktionen in der Umgebung ihrer Verzweigungsstellen. Abh. math. Semin. Hamburg. Univ. Bd. 6 (1928) S. 1.
12 BRUNN, H.: Topologische Betrachtungen. Z. Math. Phys. Bd. 37 (1892) S. 106.
13. BURAU, W.: Über Zopfinvarianten. Abh. math. Semin. Hamburg. Univ. Bd. 9 (1932) S. 117.
14. — Kennzeichnung der Schlauchknoten. Abh. math. Semin. Hamburg. Univ. Bd. 9 (1932) S. 125.
15. DEHN, M.: Über die Topologie des dreidimensionalen Raumes. Math. Ann. Bd. 69 (1910) S. 137.
16. — Die beiden Kleeblattschlingen. Math. Ann. Bd. 75 (1914) S. 402.
17. — u. P. HEEGAARD: Analysis Situs. Enzykl. Math. Wiss. III AB Bd. 3 (1907) S. 153.
18. FRANKL, F., u. L. PONTRJAGIN: Ein Knotensatz mit Anwendung auf die Dimensionstheorie. Math. Ann. Bd. 102 (1930) S. 785.
19. GOERITZ, L.: Knoten und quadratische Formen. Math. Z. 1932.
20. HOPF, H.: Über die algebraische Anzahl von Fixpunkten. Math. Z. Bd. 29 (1929) S. 493.
21. KAHLER, E.: Über die Verzveigung einer algebraischen Funktion zweier Veränderlichen in der Umgebung einer singulären Stelle. Math. Z. Bd. 30 (1929) S. 188.
22. KNESER, H.: Geschlossene Flächen in dreidimensionalen Mannigfaltigkeiten. Jber. Deutsch. Math.-Vereinig. Bd. 38 (1928) S. 248.
23. MAGNUS, W.: Untersuchungen über einige unendliche diskontinuierliche Gruppen. Math. Ann. Bd. 105 (1931) S 52.

24. Minkowski, H.: Über die Bedingungen, unter welchen zwei quadratische Formen mit rationalen Koeffizienten ineinander rational transformiert werden können. Ges. Abh. Bd. 1, S. 219. Leipzig: Teubner 1911.

25. — Zur Theorie der Einheiten in den algebraischen Zahlkörpern. Nachr. Ges. Wiss. Göttingen 1900 S. 90.

26. Pannwitz, E.: Dissertation. Berlin 1931.

27. Reidemeister, K.: Knoten und Gruppen. Abh. math. Semin. Hamburg. Univ. Bd. 5 (1926) S. 7.

28. — Elementare Begründung der Knotentheorie. Abh. math. Semin. Hamburg. Univ. Bd. 5 (1926) S. 24.

29. — Über Knotengruppen. Abh. math. Semin. Hamburg. Univ. Bd. 6 (1928) S. 56.

30. — Knoten und Verkettungen. Math. Z. Bd. 29 (1929) S. 713.

31. Rohrbach, H.: Bemerkungen zu einem Determinantensatz von Minkowski. Jber. Deutsch. Math.-Vereinig. Bd. 40 (1931) S. 47.

32. Schreier, O.: Über die Gruppen $A^a B^b = 1$. Abh. math. Semin. Hamburg. Univ. Bd. 3 (1924) S. 167.

33. — Die Untergruppen der freien Gruppen. Abh. math. Semin. Hamburg. Univ. Bd. 5 (1927) S. 161.

34. Wirtinger, W.: Über die Verzweigungen bei Funktionen von zwei Veränderlichen. Jber. Deutsch. Math.-Vereinig. Bd. 14 (1905) S. 517.

Analoge Probleme in höheren Dimensionen behandeln:

Artin, E.: Zur Isotopie zweidimensionaler Flächen im R_4. Abh. math. Semin. Hamburg. Univ. Bd. 4 (1926) S. 174.

Kampen, E. R. van: Zur Isotopie zweidimensionaler Flächen im R_4. Abh. math. Semin. Hamburg. Univ. Bd. 6 (1928) S. 216.

Sommerville, D. M. Y.: On links and knots in Euclidean space of n dimensions. Messenger of Math. (2) Bd. 36 (1907) S. 139.

Betreffs der älteren Literatur wird auf den unter (17) zitierten Enzyklopädieartikel verwiesen.